빛깔있는 책들 301-11

민물고기

글/최기철 ● 사진/최기철, 김종섭

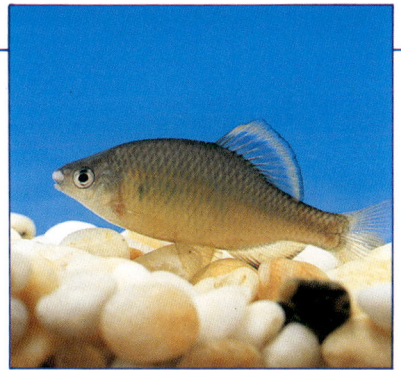

대원사

최기철 ——————————
1910년 대전 출생. 경성사범학교 연습과(演習科)를 졸업하고, 미국 피바디(peabody)대학에서 생물학과 수학, 서울대학교 대학원에서 이학박사학위를 받음. 서울대학교 사범대학 생물학과 교수, 한국동물학회 회장, 문화재위원, 한국육수(陸水)학회 회장, 한국담수생물(淡水生物)연구소 소장, 서울대학교 명예교수 등을 지냄. 주요 저서로 「일반생물학」「기초생물학」「한국의 자연-담수어 편」(전8권)「민물고기를 찾아서」「원색한국담수어도감」등이 있다.

김종섭 ——————————
본사 사진부 차장

민물고기

머리말	6
말풀이	9
흔히 볼 수 있는 민물고기	12
고서에 나오는 민물고기들	80
천연기념물	97
특산종과 멸종된 종	103
한국산 민물고기 목록	113
맞대보기	118

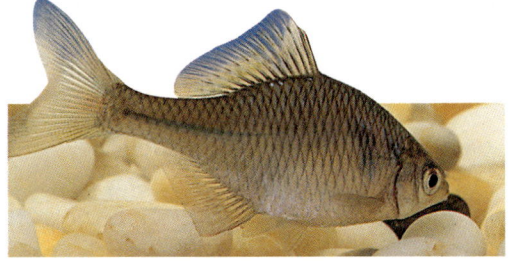

민물고기

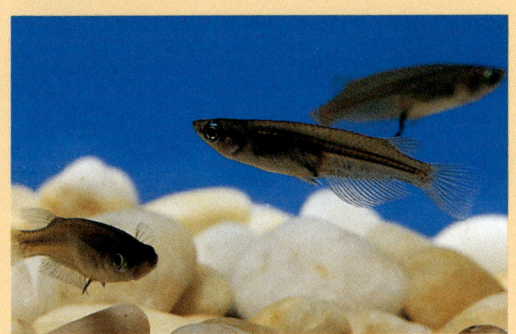

머리말

민물고기가 살 수 있어야 우리도 살아남을 수 있다. 그러나 환경 파괴와 오염으로 민물고기가 이 순간에도 사라지고 있다. 그렇다면 인간도 말세를 향해서 달리고 있는 것이 아닌가. 그래서인지 최근 2, 3년 동안 국민들의 민물고기에 대한 관심이 갑자기 높아지고 있다.

민물고기 30종을 아는 사람에게 3급, 50종을 아는 사람에게 2급, 그 이상을 아는 사람에게 1급증을 준다고 하자. 3급증을 받을 수 있는 사람은 100명을 넘을 것 같다. 2급을 받을 수 있는 사람도 더러는 만났으며 전문가를 제외하고 1급을 받을 수 있는 사람도 한두 사람은 만날 수 있었다.

시장에서 민물고기를 보면 모두 양식한 것일까 하는 생각이 들어 가슴이 답답하다. 음식점에서 어항 속을 헤엄치는 산 민물고기를 보아도 숨이 막히는 것은 마찬가지이다. 또한 야외에서 그물로 민물고기를 잡는 광경을 보아도 불쌍한 생각이 든다. 약물, 전기, 폭발물 등을 써서 잡는 것들을 보면 분노를 참기 힘들다. 더군다나 외국에 수출하겠다고 어린 새끼들까지 대량 살생하는 것을 보았을 때는 분노를 넘어서 치욕감을 억제할 수 없다.

수족관에서, 가정에서, 전시회에서 자유롭게 헤엄치는 그들의 모습을 보면 얼마쯤은 마음이 놓인다. 강이나 개울, 호수나 늪에서 그들이 마음 놓고 헤엄치는 모습을 보면 가슴이 열리고 희망이 솟는다.

"인류가 처음부터 민물고기를 위에서 보지 말고 옆에서 보았다면 그들을 잡아먹을 생각은 아예 하지 않았을 것이다" 한 가정 주부의 말이다. 어떤 일이 있어도 어항 속의 물고기들을 살려야 하겠다는 일념에서 나온 말이다.

"버들치는 먹보, 모래무지는 신사" 가정 수족관을 관리해 본 어린이들의 말이다. 버들치가 잘 먹고 잘 크며, 남의 몫까지 빼앗아 먹는 것을 보고 미워서 붙인 별명이 먹보이다. 모래무지가 바닥을 성실하게 지키면서 가끔 재롱까지 보여 주지만 먹을 것은 다른 친구들에게 빼앗기기만 하는 것을 보고 신사라는 별명을 붙인 것이다. 이 어린이는 모래무지가 먹이를 잘 먹게 하기 위해 먹이를 물 위에 떨어뜨리자마자 훅 불어서 사료가 바닥에 빨리 떨어지게 한다.

이런 가정 수족관 애호가들에게 인공 채란, 인공 수정, 인공 부화, 사육 기술 등을 습득하게 한다면 우리의 민물고기들이 가정에서 자연으로 쏟아져 나올 날이 오지 않겠는가. 그날은 자연 보호 문제를 해결하는 날이 될 것이다. 희망을 가져 본다.

필자는 지난 30년 동안 우리의 민물고기 752,606점을 조사하여 어떤 종들이 흔하고 희귀한지의 대강을 알았다. 이 책에서는 그 기록을 기준으로 하여 출현 빈도를 산출했다. 따라서 이 책을 네 부분으로 나누었다. 첫째 단락은 가장 흔히 볼 수 있는 민물고기 50종을 소개할 것을 목표로 했으나 관련 종까지 포함시켜서 63종을 실었다. 각 종에 대하여 출현 빈도, 크기, 모양, 색깔, 생활 습성, 분포 상황 등을 간략하게 설명하고 사진을 제시했다.

둘째 단락에서는 고서에 나오는 종들을 소개했다. '흔히 볼 수 있는 민물고기' 부분에서 소개한 7종을 제외하고 16종을 소개했다. 각 종에 대하여 우리 조상들이 그 물고기의 어떤 점에 관심을 가졌는지를 밝혔다.

셋째 단락에서는 천연기념물로 지정된 민물고기 4종을 소개하고 천연기념물로 지정하게 된 이유를 밝혔다.

넷째 단락에서는 멸종 위기에 놓여 있는 민물고기 6종과 이미 멸종된 민물고기 2종을 소개했다. 출현 빈도 50위를 벗어나는 순수 민물고기 가운데 특산종은 멸종 위기에 놓인 종들이다. 멸종된 2종에 대해서는 멸종되게 된 경위를 밝혔다.

이 책이 민물고기에 관심을 갖는 국민들에게 희망을 주고 도움이 될 수 있기를 간절히 바란다.

이 책을 펴낼 수 있도록 힘써 주신 대원사 관계 직원 일동에게 심심한 사의를 표하는 바이다.

말풀이

이 책에서는 될 수 있는 대로 어려운 학술 용어를 쓰지 않도록 했으나 최소한의 용어는 사용할 수밖에 없었다. 그것들을 그림과 함께 풀이하면 다음과 같다.

가정 수족관 가정에 설치하고 물고기를 기르는 어항을 말한다.

거품집 버들붕어의 수컷이 산란하는 곳을 마련하기 위하여 거품과 끈끈한 진을 뿜어 내서 물 위에 띄운 둥지.

골질반(骨質盤) 기름종개과에 속한 물고기들 가운데 수컷의 가슴지느러미의 둘째 살이 비대해서 생긴 뼈판을 말한다. 종(種)에 따라 생긴 모양이 다르다.

기름눈까풀 숭어의 눈을 덮은 투명한 눈까풀을 말한다.

기름지느러미 등지느러미와 꼬리지느러미 사이에 있고 막이 있을 뿐, 그것을 지탱하는 가시나 살을 갖지 않은 지느러미.

당률(唐律) 당나라에서 쓰여졌던 법률.

몸길이 이 책에서 몸의 길이라고 한 것은 주둥이 끝에서 꼬리지느러미 끝까지의 전체의 길이이다.

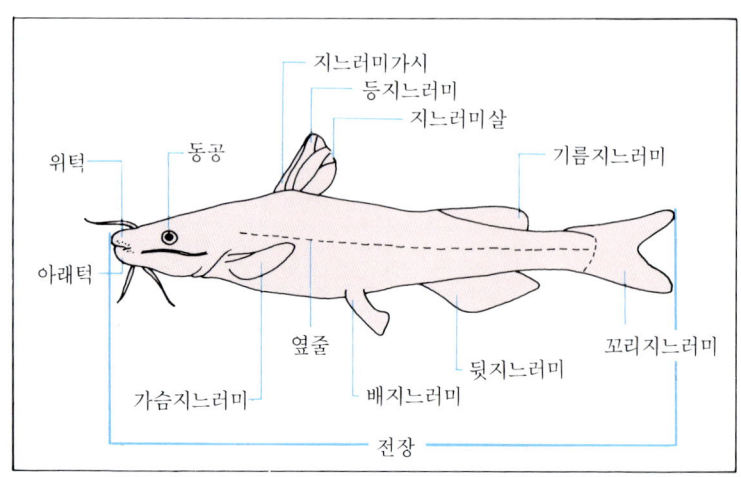

지느러미가시
등지느러미
지느러미살
기름지느러미
위턱
동공
아래턱
옆줄
가슴지느러미
배지느러미
뒷지느러미
꼬리지느러미
전장

물고기의 겉모양

반사띠   갈겨니나 긴몰개 등 몸의 양측 등 쪽에 광선을 반사하는 띠가 있는데 이것을 말한다.

4급수   가장 더럽고 오염이 심한 물, 거기에서는 어떤 물고기도 살지 못한다.

3급수   바닥에 해감이 깔려 있어 황갈색으로 보이는 물로서 붕어나 잉어, 메기, 뱀장어 등이 산다.

2급수   비교적 맑은 물로서 미역을 감을 수 있는 물이다. 피라미, 갈겨니, 돌고기, 참마자 등이 살 수 있는 물이다.

1급수   가장 깨끗한 물로서 버들치, 버들개, 열목어, 금강모치, 연준모치 등이 살 수 있는 물이다.

순수 담수어   1차 담수어라고 부르기도 한다. 일생 동안을 민물에서만 사는 물고기들을 말한다.

아감덮개   아가미를 덮는 뚜껑을 말한다.

옆줄 물고기의 몸 양측 중앙부의 비늘에 뚫린 감각공의 열(列)로서 물의 흐름과 압력을 감각한다. 옆줄이 꼬리지느러미의 기부까지 이어지면 완전하다고 하고 이어지지 못하면 불완전하다고 한다.

육식성 동물만 잡아먹는 성질을 말한다.

잡식성 동식물을 다 같이 먹는 성질.

주둥이 눈 앞에서 입 끝까지를 말한다.

지느러미가시, 지느러미살 지느러미를 지탱하는 뼈대 가운데 바늘처럼 끝이 뾰족한 것을 가시, 끝이 뾰족하지 않고 마디가 있으며 끝이 갈라진 것을 살이라고 한다.

장호흡 미꾸리나 미꾸라지의 경우처럼 공기를 창자에 넣어 창자벽에 분포된 실핏줄에서 이산화탄소와 산소를 교환하는 호흡을 말한다.

추성 산란기에 머리, 몸통, 지느러미 등의 겉껍질이 굳어서 생긴 돌기물이다. 종류에 따라 모양, 색, 수가 같지 않다.

칼날돌기 치리나 살치에서와 같이 뱃날이 칼날처럼 돋은 것을 말한다.

흔히 볼 수 있는 민물고기

    우리나라에서 살고 있는 민물고기에 관하여 아무것도 알지 못하는 사람이 놀랄 만큼 많다. 아는 물고기를 이름만이라도 들어 보라 하면 10종도 대지 못하는 사람이 적지 않다. 30종을 표준어로 댈 수 있는 사람은 물고기 박사라는 별명을 얻을 수 있을 정도이다.

    또한 50종을 댈 수 있는 사람은 과연 몇 사람이나 있을는지? 전문가를 제외하고 50종 이상을 댈 수 있는 사람이 있을까? 휴전선 이남에서 살고 있는 민물고기 150종 가운데에서 여기에 소개할 종은 50종을 훨씬 넘는다. 가장 흔히 볼 수 있는 민물고기들이다.

    필자가 지난 30년 동안에 조사한 우리의 민물고기 752,606개체 가운데에서 개체수순(출현 빈도순)으로 50종을 소개했다. 50위 이내에 들지 못하는 종들 가운데에서도 이름이 잘 알려진 종은 될 수 있는 대로 많이 수록하려 했다. 보통 사람들이 흔히 볼 수 있는 물고기들을 소개하기 위해서였다.

    각 종별로 출현 빈도, 크기, 생긴 모양, 생활 습성, 과거와 현재, 우리 국민이 보여 주고 있는 관심도, 분포 상태 등을 가볍게 소개했다. 다음 단락에서 소개되는 종들은 될 수 있는 한 중복을 피했다.

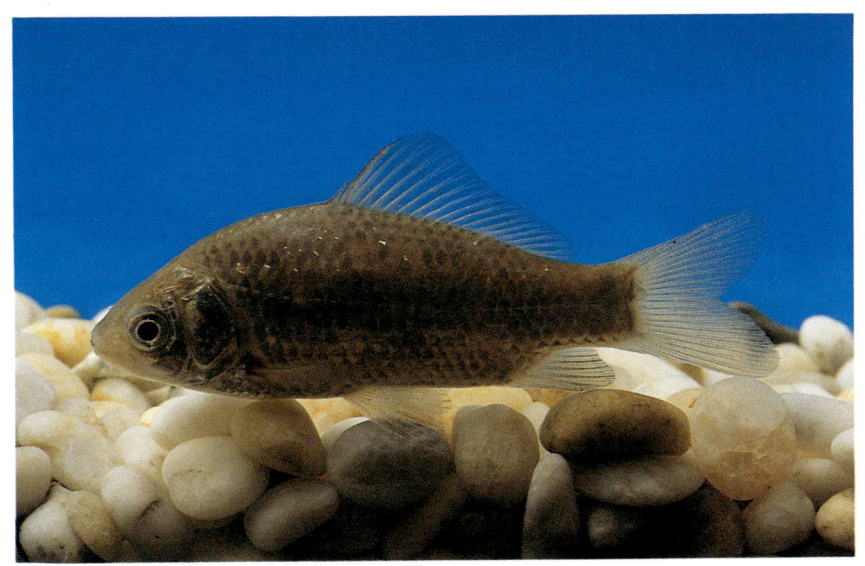

붕어

붕어는 출현 빈도 12.6퍼센트로 2위이다. 강의 우세종이 피라미라면 저수지의 우세종은 붕어이다.

몸의 길이가 10 내지 20센티미터 정도의 개체들은 흔하지만 40센티미터 이상은 드물다.

몸은 폭이 넓고 옆으로 납작하다. 비늘은 크고 기와처럼 배열된다. 입수염은 없고 옆줄은 거의 직선형이다.

일반적으로 등은 청갈색이고 배는 은백색 또는 황갈색이지만 사는 곳에 따라 변화가 심하다.

호수나 늪, 하천에 널리 분포한다. 잡식성이어서 동물과 식물을 가리지 않는다. 환경 변화에 대한 적응력이 매우 강하다.

산란기는 4월에서 7월 사이이고 성기(盛期)는 5월이며 알은 보통 수초에 붙여 낳는다. 양어장에서 사육한 바에 따르면 만1년에 14 내지 16센티미터, 2년에 16 내지 18센티미터, 3년에 20 내지 23센티미터까지 성장했다고 한다.

전국 어디에서나 볼 수 있다. 북한, 중국, 일본, 시베리아, 유럽 등에까지 널리 분포된다.

고서에는 '부어(鮒魚)' 또는 '즉어(鯽魚)'로 나온다. 의약학 책에는 으레 올라 있고 내장을 보하는 보약이라고 했으며 간, 쓸개, 살, 골, 뼈, 눈 등 한 가지도 버릴 것이 없다고 나와 있다.

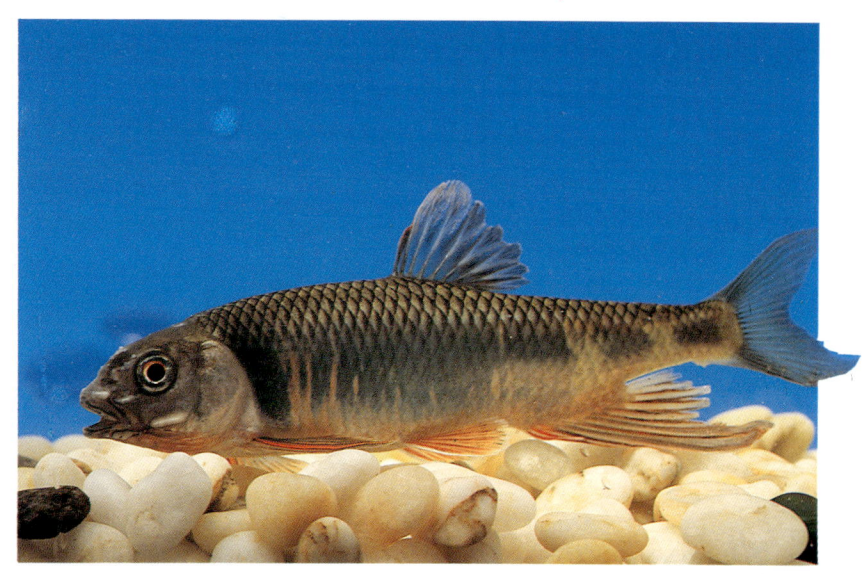

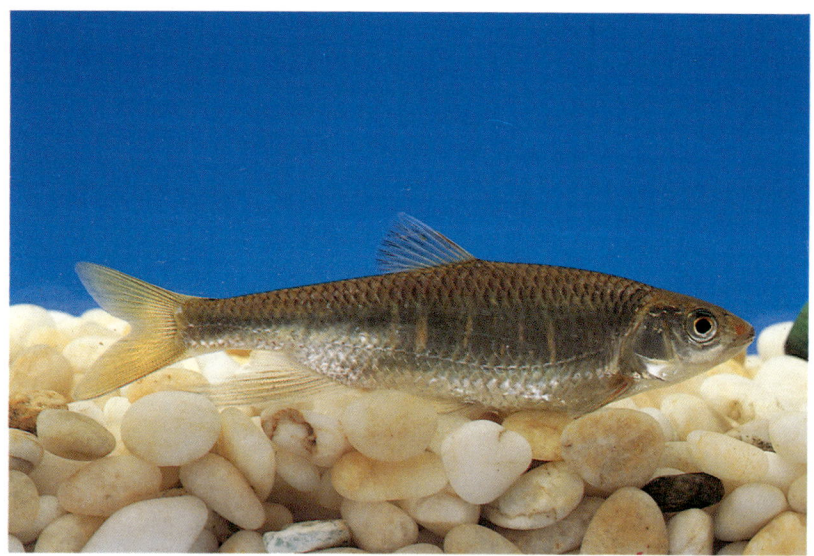

피라미의 수컷(맨 위)
피라미의 암컷(위)

피라미

피라미는 휴전선 이남에서 살고 있는 민물고기 150종 가운데에서 출현 빈도 1위이다. 전체의 20.10퍼센트나 차지한다.

몸의 길이가 10 내지 15센티미터의 개체들은 흔히 볼 수 있으나 20센티미터를 넘는 개체는 매우 드물다.

피라미는 몸매가 날씬하고 은백색이어서 호감이 가는 민물고기이다. 다른 종들에 비하면 눈이 크지 않고 빨간 띠가 있으며, 뒷지느러미가 유별나게 길다. 몸의 옆면은 은백색 바탕에 연분홍색의 가로무늬가 있다. 그러나 산란기의 수컷은 화려한 혼인색(婚姻色)을 띤다. 머리의 밑은 적갈색이고 몸 옆면의 청록색이 유별나게 돋보이며, 가슴지느러미, 배지느러미 및 뒷지느러미가 주황색이다. 이처럼 혼인색을 띠고 있을 때는 머리의 눈 언저리, 밑면, 주둥이의 끝부분, 지느러미, 몸의 양면에 크고 작은 진주 구슬 같은 돌기물들이 무수히 돋는다. 색은 검거나 희고 단단하며 거칠다. 그것들을 추성(追星)이라고 부른다.

하천의 중류, 물이 맑고 바닥에 자갈이나 모래가 깔린 여울에서 살면서 우점종으로 존재하는 경우가 많다. 자갈이나 모래에 붙은 미생물(보통 사람들은 '물때'라고 부르고 학자들은 '부착 조류'라고 부른다)을 주로 먹지만 물 속에 사는 곤충들의 애벌레나 그 밖의 작은 동물들을 잡아먹기도 한다.

수질 오염, 골재 채취, 제방 구축, 하천의 유로 개수, 호안 공사 등 인위적인 환경 변화에 대하여 견디어 내는 능력이 다른 종들보다 강해서 최근에는 도처에서 강세를 보이고 있다.

산란기는 6월에서 8월 사이이다. 알을 낳는 곳은 유속이 완만하고 바닥에 모래와 자갈이 깔려 있으며, 물의 깊이가 5 내지 10센티미터 되는 곳이다. 자연 하천에서는 만1년에 6 내지 7센티미터, 2년에 8 내지 10센티미터, 3년에 11센티미터 안팎으로 성장한다.

서해와 남해로 흐르는 각 하천에 널리 분포한다. 최근에는 태백산맥의 동쪽에서 많이 볼 수 있지만 이것은 1975년 이후에 사람들이 이식한 것이다. 북한, 중국, 대만 등에도 분포한다.

서유구가 1820년경에 펴낸 「난호어목지」에는 참피리(鯵), 날피리(飛鯵魚), 불거지(赤鰓魚)로 소개하고 있다. 불거지는 피라미의 수컷을 말한다. 지금도 그렇게 부르는 사람들이 많다. "온몸이 붉고 파란 무늬가 있으며, 지느러미도 붉은색을 띠고 있어서 불거지라는 이름이 붙은 것이다. 주둥이의 아래쪽에 사마귀돌기가 있어서 좁쌀이 빽빽하게 붙은 것처럼 보인다" 서유구가 사마귀돌기라고 한 것은 추성이다.

갈겨니

갈겨니도 흔한 민물고기로 4위이고 출현 빈도는 5.89퍼센트이다.

몸의 길이가 10 내지 15센티미터 정도의 것들은 흔하지만 20센티미터를 넘는 개체는 매우 드물다.

생긴 모양이 피라미와 많이 닮아서 두 종을 혼동하는 사람이 많다. 그러나 갈겨니는 피라미에 비하면 눈이 크고 검으며 몸 양측에는 검은 자주색 세로띠가 있다. 어항 속에 넣고 보면 광선의 반사로 일어나는 반사띠가 양측 등 쪽에 있다. 또한 산란기에는 피라미 못지않게 갈겨니의 수컷도 혼인색이 아주 황홀하다. 피라미에 비하면 노랑, 연두 노랑, 주황색이 진하다.

1, 2급수가 흐르는 하천의 중상류에서 우점종으로 존재하는 경우가 많다. 주로 물속에서 사는 곤충들을 잡아먹는다.

산란기는 6월에서 8월 사이, 깨끗한 물이 완만하게 흐르는 자갈 또는 모래밭이 산란 장이다. 만1년에 6 내지 7센티미터, 2년에 10 내지 12센티미터, 3년에 14 내지 16센티미터로 성장한다. 주로 영서 지역에 분포하며 북한, 중국, 일본 등에도 분포한다.

「난호어목지」에는 '눈검쟁이'로 소개하고 있다. "생긴 모양과 몸색이 피라미와 닮았지만 비늘이 잘고 눈이 검으며 크다. 몸의 길이는 3 내지 4치(9 내지 12센티미터) 이고 매일 저녁 때에 공중으로 뛰어올라 벌레를 잡아먹는 것을 좋아한다"라고 나와 있다.

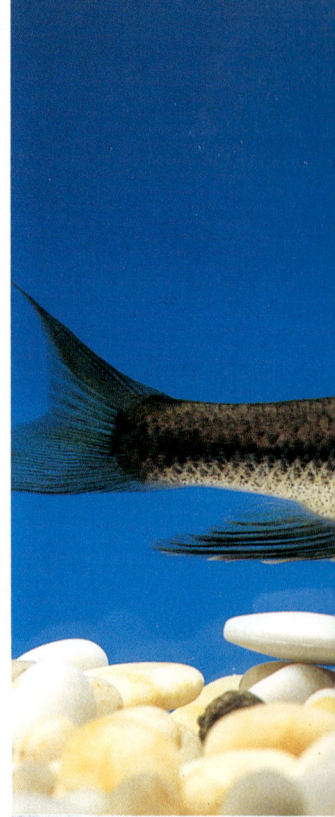

갈겨니 수컷(옆면 위)
갈겨니 암컷(오른쪽)

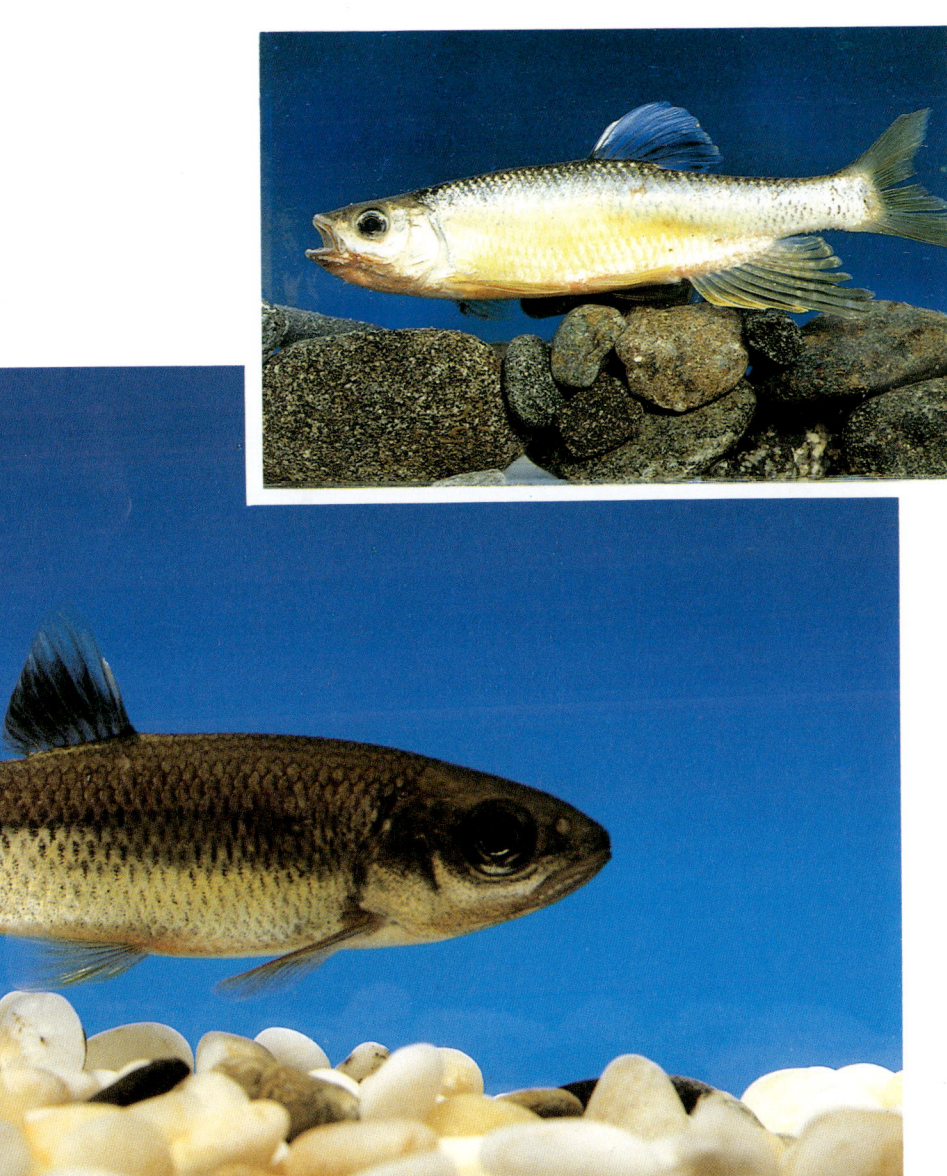

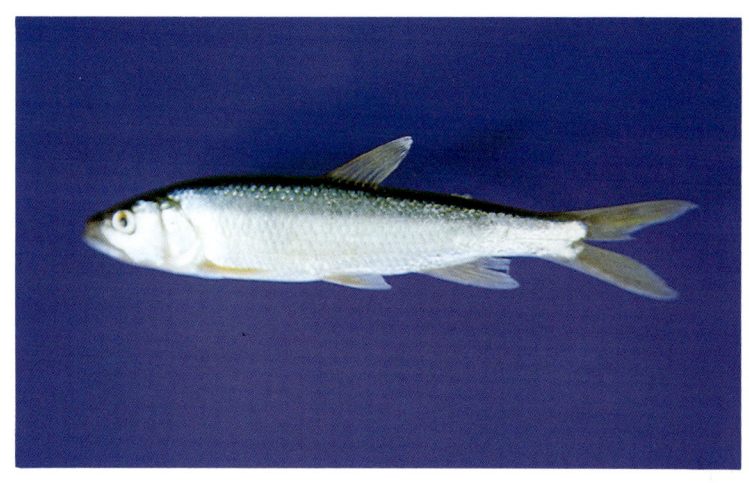

끄리

출현 빈도 0.59퍼센트로 29위이므로 피라미나 갈겨니처럼 흔한 물고기는 아니다. 그러나 그것들과 마찬가지로 황어아과에 속하고 두 종과는 매우 가까운 종이므로 여기에 소개한다.

몸의 길이가 20 내지 30센티미터 되는 개체들은 흔하고 30센티미터 이상 되는 개체들도 흔하다. 피라미나 갈겨니에 비하면 대형종에 속한다.

몸 전체를 옆에서 보면 피라미나 갈겨니와 비슷하지만 입은 대단히 커서 위턱의 뒤끝은 눈의 앞쪽 가장자리에까지 달하고 눈은 아주 작다. 위, 아래턱은 곧지 않고 들쭉날쭉해서 특이하다. 피라미나 갈겨니와 마찬가지로 옆줄이 배 쪽으로 아주 심하게 휘어 있다.

등은 암갈색, 배는 은백색, 지느러미는 암색이다. 수컷이 혼인색을 띨 때는 등이 청자색, 배는 주황색이다.

물이 많은 곳에서 살면서 활발히 헤엄치며 움직이는 동물들을 닥치는 대로 탐식한다.

산란기는 5, 6월이고 8월에는 이미 4 내지 8센티미터의 어린 것들을 볼 수 있다. 서해와 남해로 흐르는 큰 강에 분포하며 북한과 중국에도 분포한다. 「난호어목지」에는 '칠어'로 나온다.

잉어

잉어의 출현 빈도는 0.46퍼센트로 39위이다. 양식하고 있는 것은 많으나 자연산은 많지 않다.

몸의 길이가 50센티미터 안팎의 개체들은 흔히 볼 수 있고 때로는 1미터 이상 되는 것도 발견된다.

붕어에 비하면 몸통은 원통형에 가깝고 길이에 비해 폭이 좁다. 주둥이는 둥글고 입은 주둥이의 밑에 있으며 수평에 가깝다. 비늘은 크고 기와처럼 배열되는 점이

붕어와 비슷하나 입수염이 두 쌍 있는 것은 붕어와 다르다. 뒤쪽의 한 쌍이 굵고 길어서 눈의 지름과 거의 같거나 길다. 몸색은 일반적으로 연두 갈색이고 등 쪽이 짙으며 배 쪽이 연하다. 그러나 진한 색과 연한 색의 변화가 매우 심하다.

큰 강이나 자연 호수, 인공 저수지 등 비교적 깊은 물에서 산다. 수온이 섭씨 13도 이하로 되면 식욕이 떨어지고, 섭씨 10도 이하로 떨어지면 활동이 현저하게 둔해진다. 잡식성이고 환경 변화에 대한 적응력이 강하여 3급수에서도 잘 산다.

산란기는 5, 6월이며 수온이 섭씨 18도에서 22도 사이일 때이다. 만1년에 몸의 길이가 10 내지 15센티미터, 2년에 18 내지 25센티미터, 3년에 30센티미터 안팎으로 성장한다. 거의 전국적으로 분포하며 아시아 및 유럽 대륙에 널리 분포한다.

많은 고서에 '이어(鯉魚)'로 나온다. 「향약집성방」을 비롯하여 많은 의약 책에는 잉어가 몸을 보하고 간, 쓸개, 살, 골, 뼈, 눈에 이르기까지 하나도 버릴 것이 없다고 나와 있다.

잉어에 관해서는 예부터 전해 오는 말이 많다. 어(魚)씨와 파평 윤씨가 잉어를 먹지 않는 것은 잘 알려져 있는 사실이다. 또한 중국의 황하 중류에는 용문협(龍門峽)이라는 곳이 있다. 현재는 댐이 구축되어 있지만 원래 3단으로 된 폭포가 있었던 곳이다. 다른 물고기들은 이곳을 돌파하지 못하지만 민물고기의 왕이라고 할 수 있는 생기 발랄한 잉어는 힘이 좋아 이곳을 뛰어오를 수 있다고 한다. 용문협을 뛰어오른 잉어에는 신통력이 붙어서 용이 된다고 했다. 그래서 과거에 급제한 것을 '등용문을 돌파했다'고 말하였다. 이 말은 현재 우리도 각종 시험에 합격한 사람들에게 쓰고 있는 말이다.

조선시대에는 잉어를 왕에게 진상하는 일은 없었다고 하며, 중국의 당나라에서는 잉어를 잡으면 곤장 60대를 맞았다고 한다. 이것은 잉어를 가리키는 리(鯉)와 왕의 성, 리(李)가 음이 같은 까닭이다.

버들치

버들치는 출현 빈도 6.2퍼센트로 3위이다. 1급수가 흐르는 산속 계곡에서는 흔한 물고기이다. 농업 혁명이 일어나기 전까지는 현재보다 훨씬 넓은 분포 구역을 가졌을 것으로 추측된다.

몸의 길이가 8 내지 15센티미터의 개체들은 흔하지만 15센티미터 이상 되는 개체들은 드물다.

비늘은 버들개의 그것보다 크고 입수염이 없으며 아래턱은 위턱보다 약간 짧다. 등지느러미는 배지느러미와 뒷지느러미의 사이에 있고 꼬리지느러미는 얕게 갈라진다.

몸의 바탕은 황갈색이며 등은 암갈색, 배는 담갈색이다. 등 쪽에는 짙은 갈색의 작은 반점들이 많이 흩어져 있다.

물이 맑고 차가운 산속 계류에서 우점종으로 존재하는 경우가 많다. 잡식성이고 배합 사료도 잘 먹는다. 따라서 가정 수족관을 가지고 있는 사람들은 하나같이 버들치가 잘 먹고 잘 큰다고 말한다. 그러나 수질 오염에 대한 적응력은 약하다.

산란기는 5, 6월이고 만1년에 5, 6센티미터, 2년에 8 내지 10센티미터, 3년에 12 내지 14센티미터로 성장한다.

서해와 남해로 흐르는 각 하천의 상류에 분포하며 북한, 중국 등에도 분포한다. 버들 가지, 중고기, 중택이 등으로도 부른다.

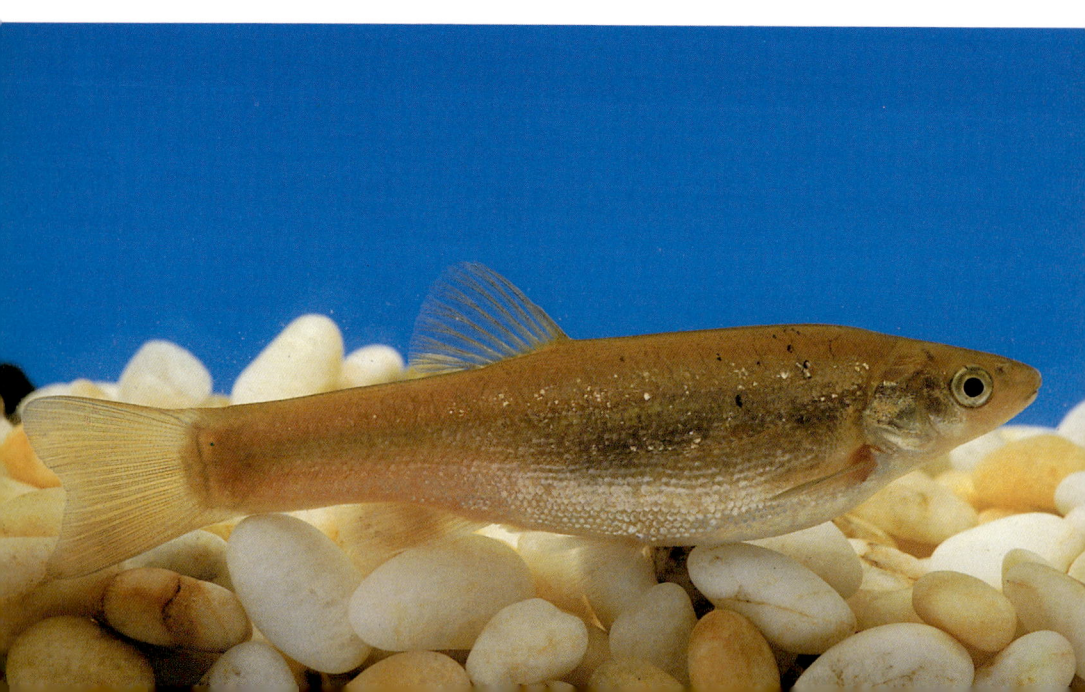

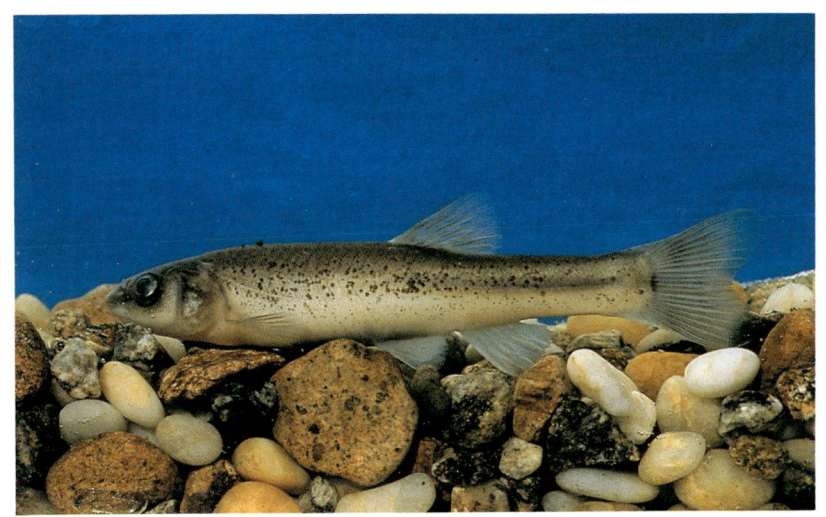

버들개

버들개의 출현 빈도는 0.49퍼센트, 37위이다.

몸의 길이가 10 내지 15센티미터 되는 개체들은 흔하지만 20센티미터 이상은 매우 드물다.

생긴 모양은 버들치와 흡사해서 전문가들도 두 종을 구별하기가 힘들 정도이다. 버들치에 비하면 비늘은 잘고 등지느러미는 약간 앞에 위치한다. 중국에서는 버들개가 꼬리가 길다고 해서 장미귀(長尾鰷), 버들치는 머리가 뾰족하다고 해서 첨두귀(尖頭鰷)라고 부른다고 한다.

몸색으로 두 종을 구별하기는 어렵다.

물이 맑고 차며, 산소 함량이 풍부한 산속 계류에서 살며 잡식성이다.

산란기는 5월에서 6월이다. 7월 초에는 0.7 내지 2.4센티미터의 어린 새끼들을 많이 볼 수 있다. 1.75센티미터를 넘으면 지느러미가 거의 완성되고 3센티미터가 되면 몸 옆면 암점들이 나타난다. 만1년에 6 내지 7센티미터, 2년에 10센티미터 안팎, 3년에 15센티미터 안팎으로 성장한다.

주로 태백산맥의 동쪽에 분포하며 북한, 중국 동북부, 연해주 등에도 분포한다.

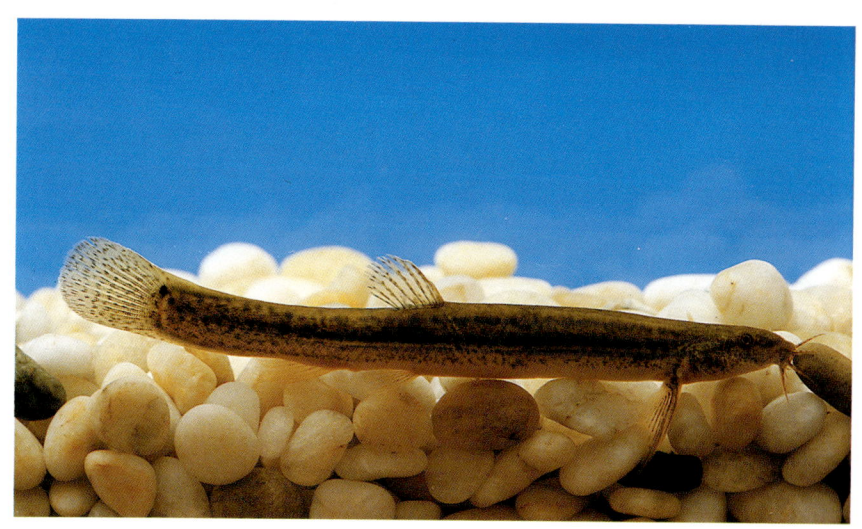

미꾸리

미꾸리와 미꾸라지를 구별하지 않고 미꾸라지라고 부르는 사람이 많으나 두 종은 구별하여야 한다.

미꾸리의 출현 빈도는 3.0퍼센트, 6위로서 순위가 높은 편이다.

몸의 길이가 10 내지 17센티미터 정도의 개체들은 흔하지만 20센티미터 이상은 매우 드물다.

몸은 둥글고 길며 원통형에 가깝지만 약간은 옆으로 납작하다. 입수염 다섯 쌍 가운데 세 쌍은 윗입술에, 두 쌍은 아랫입술에 달린다. 가장 긴 입수염도 눈 지름의 2.5 배를 넘지는 못한다.

몸색은 사는 곳에 따라 변화가 심하기는 하지만 일반적으로 등은 암청갈색이고 배는 담황색이다. 등지느러미와 꼬리지느러미에는 미세한 흑반점이 흩어져 있고 꼬리지느러미 기부 등 쪽에는 눈 크기의 작은 흑반점이 양측에 하나씩 있다.

늪이나 논 등 진흙 속에서 살고 장호흡도 하며 산소 부족에 잘 견딘다. 주로 진흙에 섞인 유기물을 섭취한다. 비가 내릴 때 활발히 헤엄치므로 '기상어'라고 부르기도 한다.

산란기는 4월에서 7월 사이이며, 6개월에 3 내지 5센티미터, 1년에 7센티미터, 2년에 12센티미터, 3년에 16센티미터 안팎으로 성장한다. 시장에서 '동글이'로 부른다. 전국적으로 분포하며 북한, 중국, 일본 등에도 분포한다.

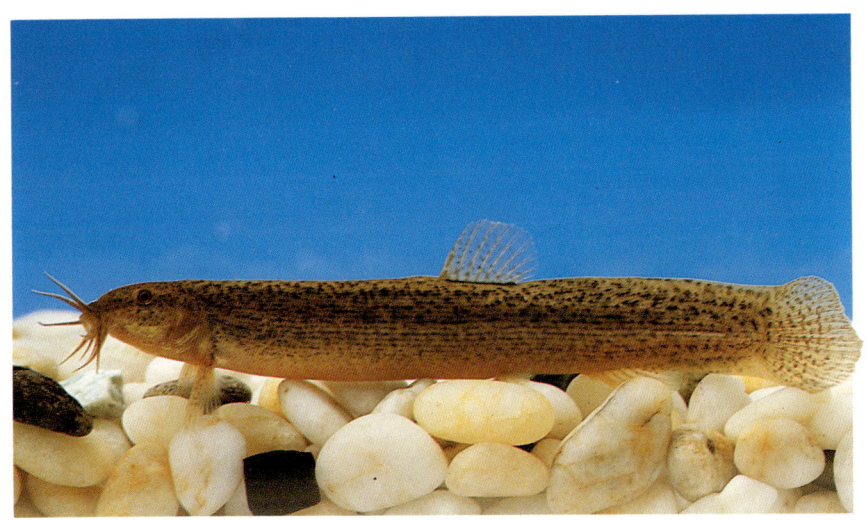

미꾸라지

미꾸라지의 출현 빈도는 3.1퍼센트로 5위, 미꾸리보다 오히려 순위가 높다. 시장에서 '납작이'라고 부르는 것이 본종이다.

몸길이는 15센티미터 안팎의 것들이 많지만 때로는 20센티미터 이상 되는 개체들도 발견된다.

몸은 미꾸리에 비하면 옆으로 납작하고 입수염 다섯 쌍 가운데, 가장 긴 것은 눈 지름의 4배나 되어 미꾸리의 그것에 비하여 길다. 비늘도 미꾸리의 그것보다 커서 중국에서는 '대린이추(大鱗泥鰍)'라고 부른다. 꼬리지느러미의 기부 위쪽에 있는 흑반점은 길쭉한 것이 보통이다.

사는 곳, 식성, 장호흡하는 습성 등은 미꾸리와 차이가 없다.

산란기는 4월에서 7월 사이이고 성기는 5, 6월이다. 몸의 길이가 4센티미터를 넘으면 어미 고기와 거의 같은 형질을 갖추게 된다.

서해와 남해로 흐르는 각 하천에 분포하며 북한과 중국에도 분포한다.

허준의 「동의보감」을 비롯하여 많은 고서에는 미꾸리와 미꾸라지를 구별하지 않고 '이추(泥鰍)'로 소개한다. 약성은 따뜻하고 맛이 달며 독이 없고 속을 보하며 설사를 막는다고 나온다.

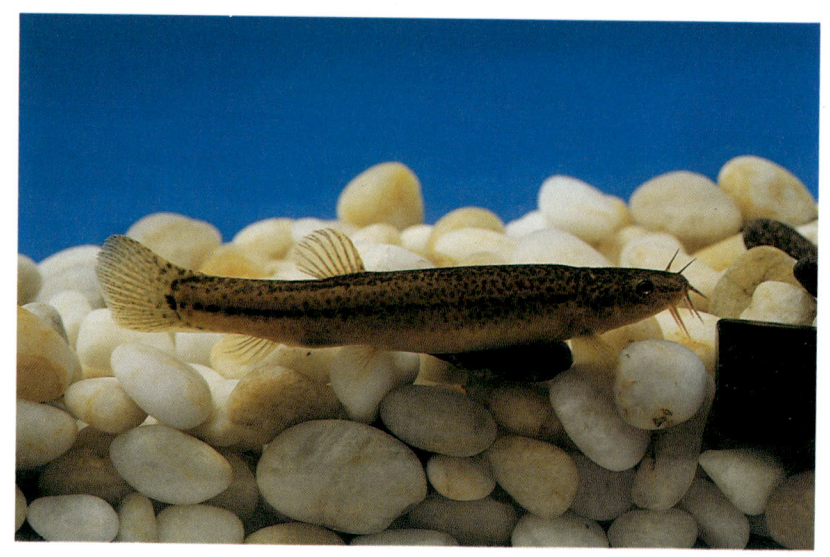

쌀미꾸리

쌀미꾸리의 출현 빈도는 1.04퍼센트로 22위이다. 미꾸리나 미꾸라지에 비하면 순위가 훨씬 떨어진다.

소형종이어서 미꾸리나 미꾸라지에 비해서 훨씬 작다. 몸의 길이가 5, 6센티미터 되는 개체들이 많고 7센티미터 이상은 매우 드물다.

몸의 생긴 모양도 미꾸리나 미꾸라지와 매우 다르다. 몸이 미꾸리형이기는 하지만 굵고 짧다. 입수염은 네 쌍뿐이고 그 가운데 한 쌍은 콧구멍 앞에 있으며, 가장 긴 세번째 쌍은 눈 지름의 2배 이상이다. 옆줄은 찾아볼 수 없고 수컷의 가슴지느러미에는 골질반이 없다. 몸 옆면에는 주둥이 끝에서 꼬리지느러미의 기부에 이르는 흑갈색 세로띠가 있다. 이처럼 미꾸리라는 이름이 붙어 있기는 하지만 미꾸리나 미꾸라지와 가까운 종은 아니다.

지방에 따라 공지, 옹곡지, 용달치, 하늘고기, 하늘타리 등으로 부른다.

수심이 얕고 수초가 우거진 호수, 늪, 농수로, 유속이 완만한 개울 등에서 산다. 수초 사이를 헤엄치며, 정지할 때는 수초에 의지하거나 진흙 속에 묻힌다.

산란기는 4월에서 6월 사이이고 수초에 알을 붙여 낳는다. 만1년에 수컷은 4, 5센티미터, 암컷은 5, 6센티미터로 성장한다.

거의 전국적으로 분포하며 북한, 중국, 연해주, 아무르강 수계 등에도 분포한다.

모래무지

모래무지의 출현 빈도는 1.95퍼센트로 12위이다. 비교적 순위가 높은 흔한 종이다. 몸의 길이가 10 내지 20센티미터의 개체들은 흔하고 때로는 25센티미터를 넘는 개체도 있다.

몸은 길고 원통형이며 뒤로 갈수록 가늘어진다. 주둥이는 길고 입은 주둥이 밑에 있고 작으며 말굽 모양이다. 한 쌍의 입수염이 있고 길이는 눈의 지름과 비슷하다. 옆줄은 거의 직선형이다.

몸색은 모래와 구별하기 어려울 정도로 유사하고 몸 양면에는 흑갈색 반점이 각각 6개 정도씩 있다.

모래나 잔 자갈이 깔린 바닥에서 산다. 모래에 붙거나 모래 속에 몸을 묻고 눈과 코를 포함한 머리의 일부만 내놓는 경우가 많다. 이 때문에 모래무지라는 이름이 붙은 것이다. 식성은 육식성이다.

산란기는 5, 6월이다. 모래 바닥에 산란을 한 뒤에 모래로 덮는다. 만1년에 6, 7센티미터, 2년에 11센티미터 안팎, 3년에 13 내지 15센티미터, 4년에 17 내지 20센티미터, 5년에 22 내지 23센티미터 정도로 성장한다.

서해와 남해로 흐르는 각 하천에 널리 분포하며 북한, 중국, 일본 등에도 분포한다. 다산 정약용이 펴낸 「아언각비」에는 모래무지의 뱃속에 곤충이 들어 있었다고 나와 있다.

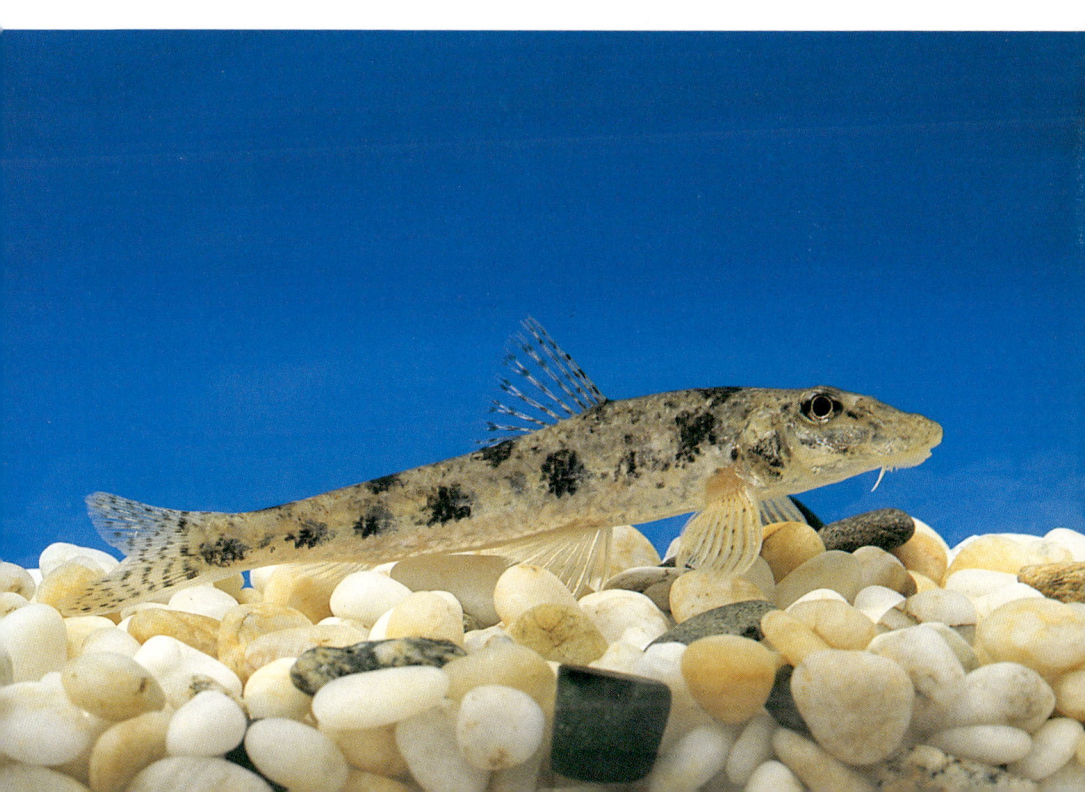

왜매치

왜매치의 출현 빈도는 0.45퍼센트로 40위이다. 소형종이어서 몸의 길이가 6 내지 8센티미터 정도의 것들은 흔하지만 10센티미터 이상은 발견되지 않는다.

돌마자와 흡사하고 서로 같은 곳에 사는 일이 많아서 혼동하기 쉬우나 주둥이는 훨씬 짧고, 둔하며 등 쪽이 오목하다. 입은 주둥이의 밑에 있고 말굽 모양이다. 입술은 육질이지만 사마귀돌기가 없어서 돌마자의 그것과 다르다. 입수염은 한 쌍으로 비교적 짧고 옆줄은 완전하며 거의 직선형이다. 등지느러미의 바깥 가장자리는 직선형이다.

몸은 황갈색 또는 회갈색이고 몸의 양측에는 옆줄을 따라 불규칙한 7 내지 8개씩의 검은 반점이 열지어 있다. 등지느러미와 꼬리지느러미에는 깨알 같은 작은 흑반점이 빽빽하게 박혀 있다.

유속이 완만하고 바닥에 모래나 잔 자갈이 깔린 곳에서 떼지어 헤엄치는 일이 많다. 몸의 길이가 5센티미터를 넘으면 성숙한다. 산란기는 6월에서 7월로 추정된다. 만1년에 5센티미터, 2년에 6센티미터, 3년에 7 내지 8센티미터로 성장한다.

한국 특산종으로 비교적 널리 분포되어 있지만 영동 지방에는 없다.

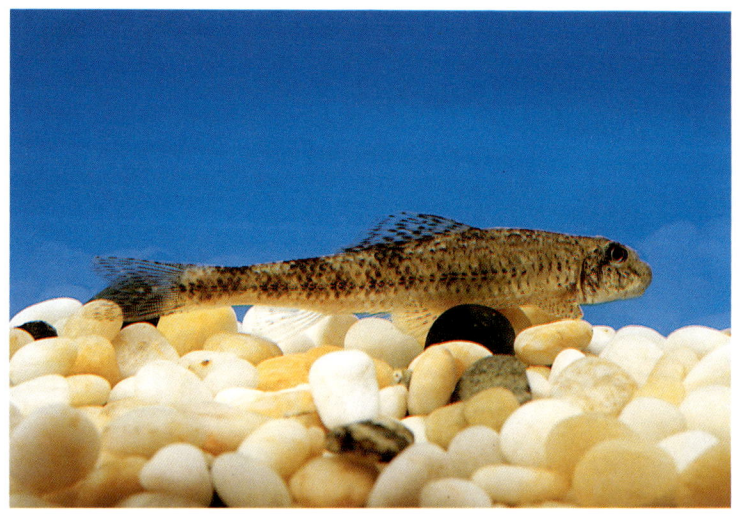

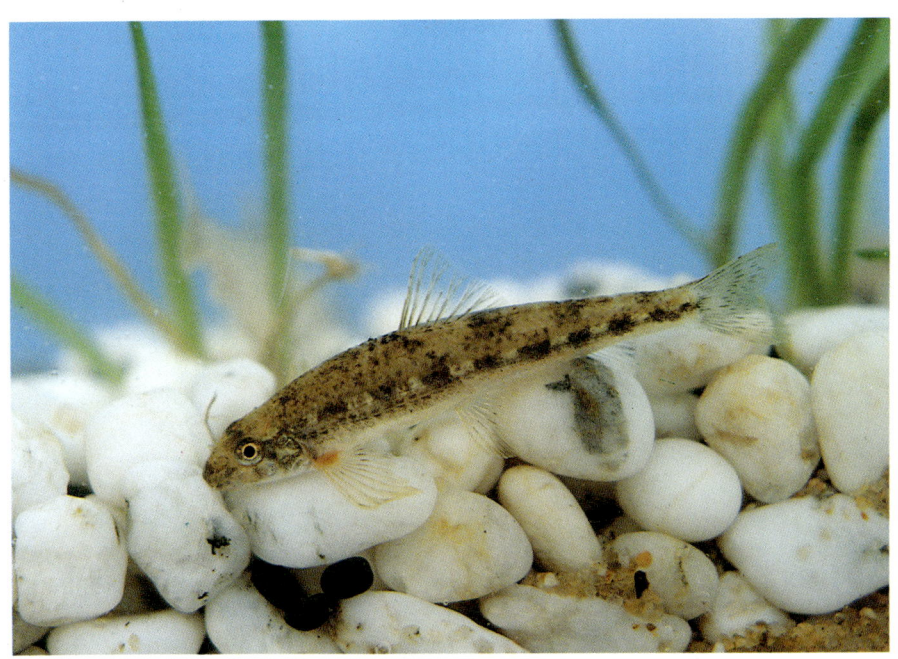

돌마자

돌마자의 출현 빈도는 2.92퍼센트, 7위로서 순위가 높은 편이다.

몸의 길이가 5 내지 7센티미터의 개체들은 흔하고 때로는 10센티미터 안팎의 개체도 발견된다.

몸은 원통형에 가깝고 머리와 배의 밑바닥이 편평해서 바닥에 잘 붙을 수 있다. 머리와 가슴, 배의 중앙부까지 밑바닥 쪽에는 비늘이 없다. 윗입술의 사마귀돌기는 중앙에서 양측 끝까지 한 줄이다. 아래턱은 위턱보다 짧다.

몸색은 등이 청갈색 내지 흑갈색이고 배는 은백색이다. 몸의 옆면 중앙부에는 윤곽이 뚜렷하지 않은 암색 세로띠가 있고 그 안에 부정형의 8개 안팎의 반문이 열지어 있다.

맑은 물이 완만하게 흐르는 모래나 잔 자갈 바닥에서 산다. 모래나 자갈에 붙은 미생물이나 곤충을 주식으로 한다.

산란기는 5월에서 7월 사이이다. 만1년에 5 내지 6센티미터, 2년에 7 내지 8센티미터, 3년에 9 내지 10센티미터로 성장한다. 10센티미터 이상은 발견되지 않는다.

서해와 남해로 흐르는 각 하천에 널리 분포하는 우리나라의 특산종이며 북한에도 분포한다. 흔한 종이어서 가정 수족관에서도 볼 수 있다.

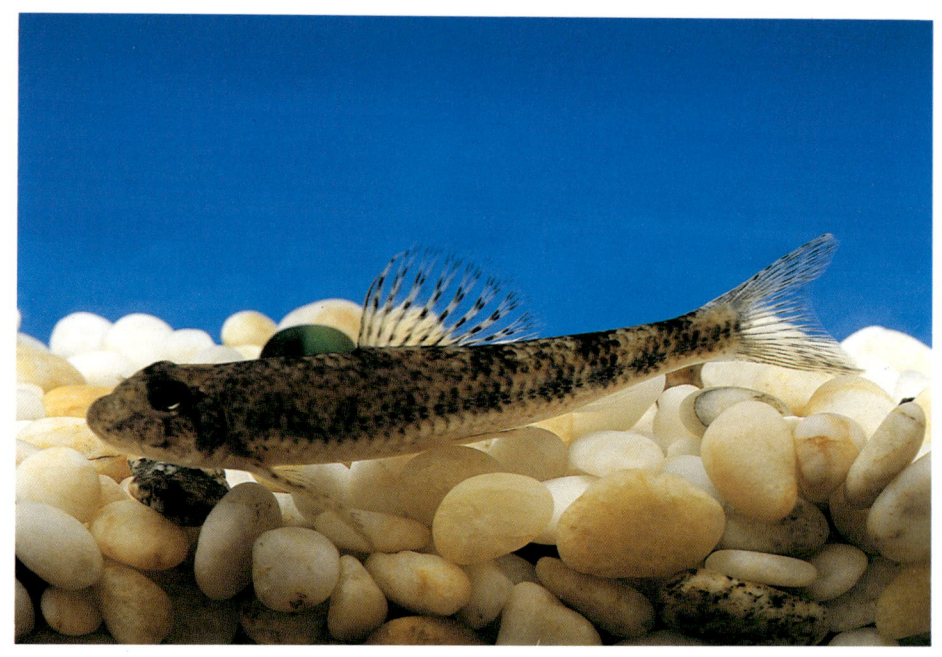

배가사리

배가사리의 출현 빈도는 0.43퍼센트, 41위로서 순위는 높지 않다.

몸의 길이가 8 내지 12센티미터 정도의 것들은 흔히 볼 수 있고 때로는 14센티미터 정도 되는 것도 있다.

몸은 원통형에 가깝고 머리와 배의 밑바닥이 편평해서 바닥에 붙을 수 있도록 되어 있지만 등지느러미가 유별나게 크고 밖으로 둥글어서 다른 종과 바로 구별할 수 있다. 윗입술의 사마귀돌기는 한 줄이지만 양측으로 갈수록 작아져서 줄이 없어진다. 등은 청갈색이고 배는 희다. 몸의 옆면 중앙에는 암색 세로띠가 있고 거기에 8 내지 9개의 암갈색 반문이 줄지어 있다.

하천의 중상류, 물이 맑고 바닥에 자갈이 깔려 있는 곳에서 산다. 바닥 가까운 곳을 헤엄치면서 먹을 것을 찾는다. 월동 직전과 산란기에는 큰 집단을 형성한다. 잡식성이며 돌에 붙은 미생물들을 주식으로 하지만 곤충의 애벌레와 작은 동물들도 잡아먹는다.

산란기는 6월에서 7월 사이, 만1년에 4, 5센티미터, 2년에 6 내지 9센티미터, 3년에 10센티미터를 넘게 된다.

한강과 금강에서만 살고 있는 우리나라의 특산종으로 금강에서는 회귀한 종이다.

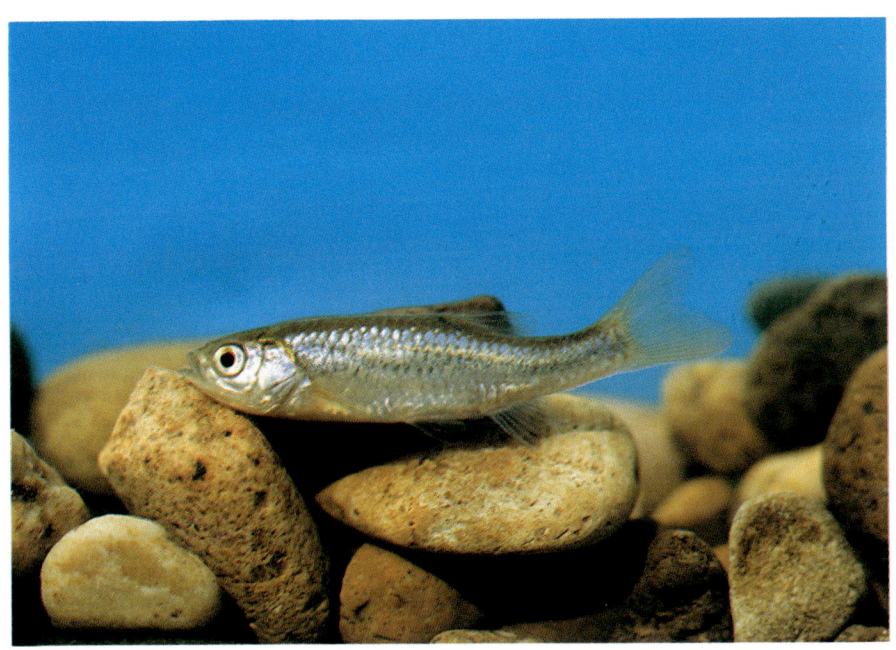

왜몰개

왜몰개의 출현 빈도는 2.71퍼센트, 8위로서 순위가 높은 편이다.

소형종으로 몸의 길이가 5센티미터 안팎의 개체들은 흔하지만 6센티미터 이상은 매우 드물다.

송사리와 혼동하는 사람이 많으나 송사리보다 얼마쯤은 크다. 송사리는 몸의 길이가 5센티미터를 넘지 못한다. 등지느러미는 송사리의 경우처럼 뒤에 붙지 않고, 꼬리지느러미의 끝은 제비 꼬리처럼 둘로 갈라지며, 뒷지느러미도 길지 않고 입도 작지 않다.

몸의 옆면에는 중앙부에 윤곽이 뚜렷하지 않은 폭이 넓은 암갈색 세로띠가 있다.

고인 물에서 송사리와 함께 사는 일이 많다. 잡식성이지만 공중에서 낙하하는 곤충을 특히 좋아한다.

산란기는 5, 6월이고 수초에 알을 붙여 낳는다. 수정란은 50 내지 70시간이 경과하면 부화한다. 만1년에 몸의 길이가 4, 5센티미터까지 성장하여 성숙한다.

서해와 남해로 흐르는 각 하천에 분포하며 북한, 중국, 일본 등에도 분포한다.

왜몰개는 수질 오염에 대한 적응력이 강해서 가정 수족관에서도 쉽게 기를 수 있다.

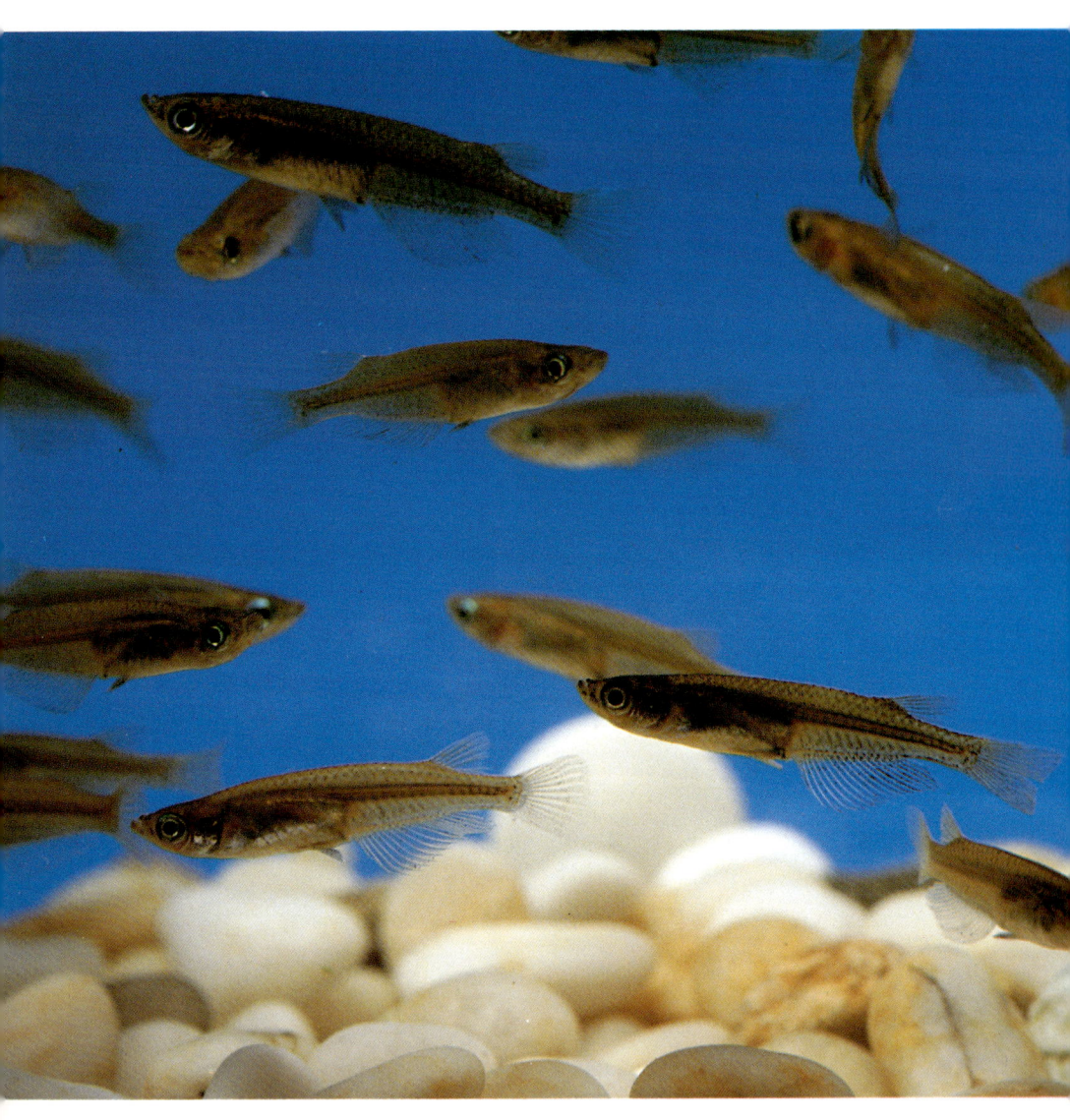

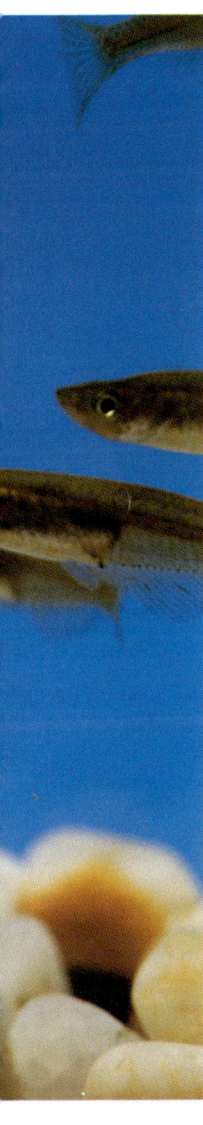

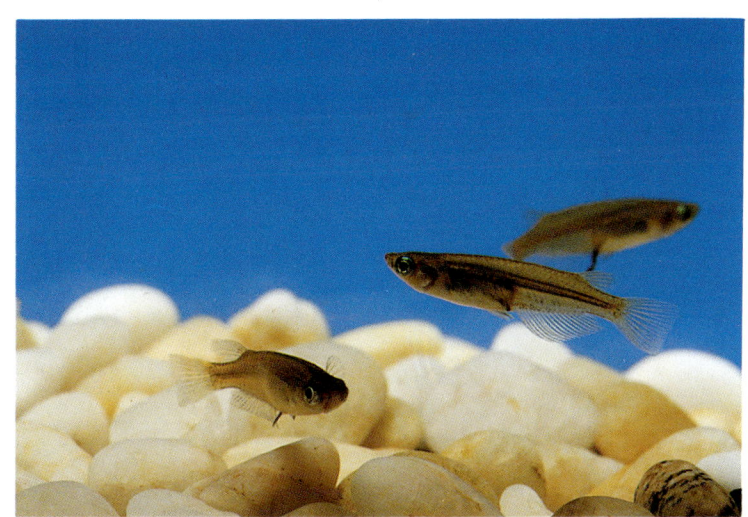

송사리

송사리의 출현 빈도는 1.07퍼센트, 21위로서 순위는 왜몰개보다 낮다.

왜몰개보다 소형종이어서 몸의 길이가 3, 4센티미터 되는 개체는 많으나 5센티미터 이상은 발견되지 않는다.

왜몰개와 혼동하는 사람이 많으나 송사리는 옆으로 납작하고 머리의 등 쪽과 아감덮개에도 비늘이 있다. 입은 주둥이의 끝에 있고 작으며 위턱과 아래턱에는 한 줄씩의 이가 있다. 눈이 크며 위턱이 아래턱보다 짧고 옆줄은 없다. 등지느러미는 몸의 뒤쪽에 있고 기저가 짧으며, 뒷지느러미의 기저는 매우 길다. 꼬리지느러미는 둘로 갈라지지 않는다.

몸색은 담갈색, 흑갈색, 주황색, 백색 등으로 수심이 얕은 호수, 늪, 웅덩이, 배수로, 농수로 등에 널리 살고 있었으나, 수질 오염, 환경 변화로 수가 격감하였다.

산란기는 5월에서 7월 사이이고 수온이 섭씨 18도 이상으로 올라가면 알을 낳는다. 산란은 1년에 두세 번 하고 주로 아침에 하며 암컷이 7 내지 8시간 동안, 생식공에 달고 다니다가 수초에 붙인다. 부화 뒤 6개월에 2센티미터 정도로 성장한다. 최대형은 수컷이 4.5센티미터, 암컷이 4.8센티미터 정도이다.

전국적으로 분포하며 북한, 중국, 일본 등에도 분포한다.

참붕어

참붕어의 출현 빈도는 2.40퍼센트, 9위로서 순위가 비교적 높은 편이다.

몸의 길이가 6 내지 8센티미터 되는 것들은 흔히 볼 수 있고 때로는 10 내지 12센티미터 정도의 개체들도 볼 수 있다.

몸은 원통형에 가깝지만 후반부는 옆으로 납작하고 몸의 크기에 비해서 비늘은 비교적 커서 옆줄의 비늘수는 40을 넘지 못한다. 입은 작고 위에서 보면 일자형이며 입수염은 없다. 아래턱이 위턱보다 길다.

몸의 바탕은 은백색이고 등은 암갈색이다. 비늘마다 뒤쪽의 가장자리에는 초승달 모양의 흑색 테두리가 있어서 전체가 검게 보인다. 몸의 옆면 중앙부에는 뚜렷하지 못한 암색 세로띠가 있다.

호수나 늪, 하천의 수심이 얕은 곳에 살면서 떼지어 물의 표층을 헤엄친다. 잡식성이고 비교적 높은 소리를 내며, 수질 오염에 대한 적응력이 강하다.

산란기는 5, 6월이며 돌이나 수초에 알을 붙여 낳는다. 만1년에 암컷은 4, 5센티미터, 수컷은 5 내지 7센티미터, 2년에 암컷은 8센티미터 안팎, 수컷은 10센티미터 안팎으로 성장한다.

거의 전국적으로 분포하며 북한, 중국, 일본 등에도 분포한다.

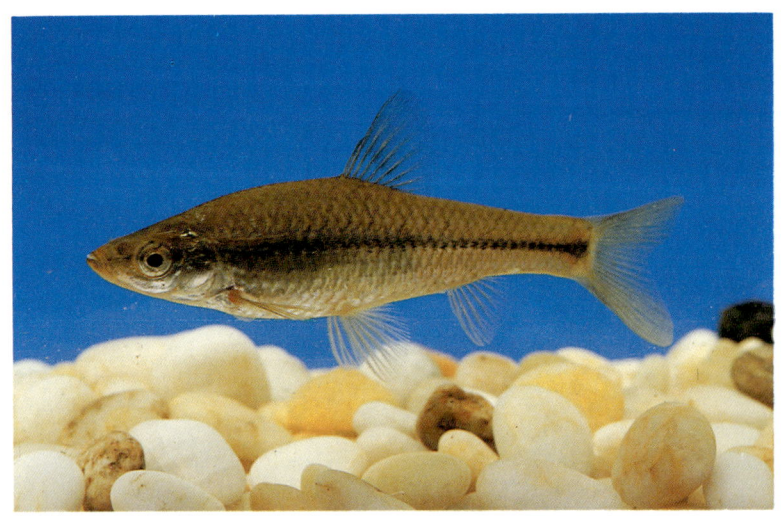

돌고기

돌고기의 출현 빈도는 2.14퍼센트, 10위로서 순위는 비교적 높은 편이다.

몸의 길이가 10 내지 15센티미터 되는 개체들은 흔히 볼 수 있고 때로는 20센티미터 이상 되는 개체도 발견된다.

몸은 원통형에 가깝지만 꼬리는 옆으로 납작하고 배가 부르다. 옆에서 보면 머리는 작고 뾰족하다. 입은 주둥이의 끝에 있고 윗입술의 양측 끝은 비대하다. 눈의 지름과 거의 같은 길이를 가진 입수염이 한 쌍 있다.

등은 암갈색이고 배는 담갈색이며 몸의 양측 중앙부에는 주둥이의 끝에서 눈을 통과하여 꼬리지느러미의 기부에 이르기까지 흑갈색의 세로띠가 있다.

물이 맑고 바닥에 자갈이 깔려 있으며 유속이 완만한 곳에서 산다. 돌 밑에 잘 숨고 잡식성이며 소리를 낸다.

산란기는 5, 6월이고 돌 밑이나 바위틈에 산란한다. 만1년에 7, 8센티미터, 2년에 10 내지 11센티미터, 15센티미터 이상으로 성장하려면 4년 이상이 걸리는 것으로 추정된다.

전국적으로 분포하며 북한과 중국, 일본 등에도 분포한다.

「난호어목지」에는 생긴 모양이 돼지 새끼와 같다고 해서 '돗고기'로 나온다. 돌고기는 가정 수족관 애호가들에게도 인기가 높다.

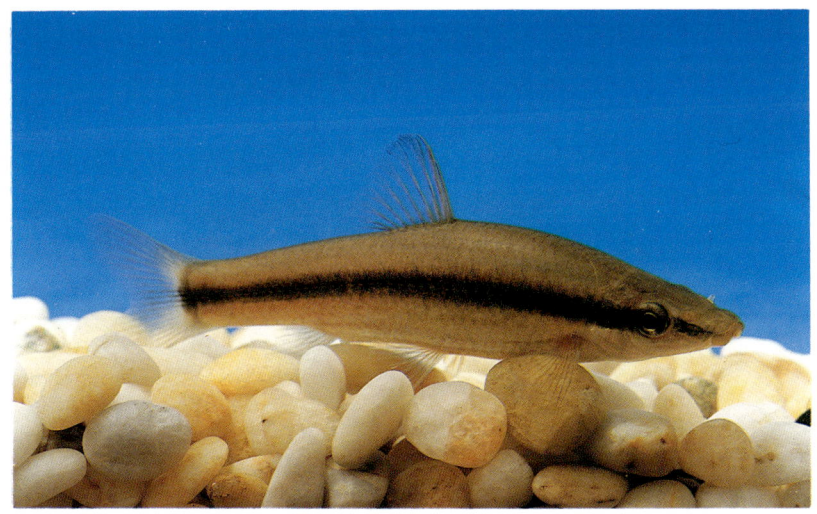

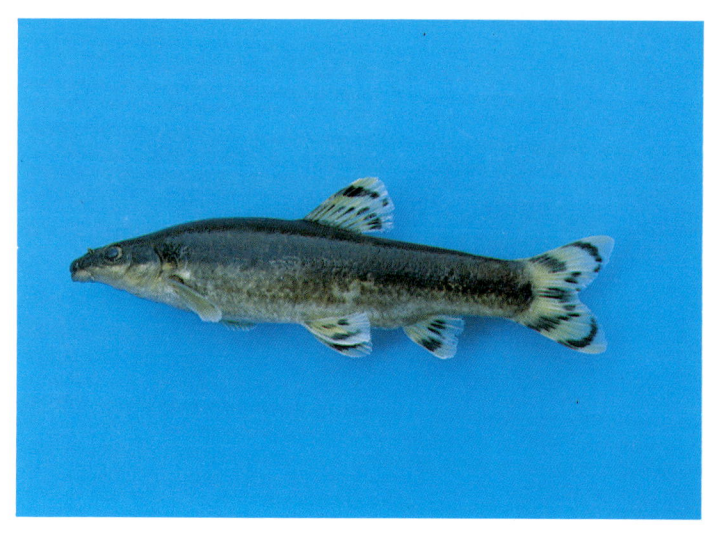

감돌고기

감돌고기의 출현 빈도는 0.48퍼센트로 38위이지만 돌고기와 가까운 종이다.
몸의 길이가 7 내지 10센티미터 정도의 개체들은 흔하지만 12센티미터 이상은 아직
발견되지 않았다.
몸의 생김새는 돌고기와 거의 같으나 입은 주둥이의 밑에 있고 말굽 모양이며, 입수
염은 한 쌍으로 눈의 지름보다 짧다. 등지느러미의 바깥 가장자리는 밖으로 굽는다.
몸의 양측에는 구름 모양의 흑갈색 무늬가 있다. 가슴지느러미를 제외한 각 지느러미
에 줄무늬가 있어서 돌고기와 바로 구별할 수 있다.
물이 맑고 바닥에 자갈이 깔린 곳에서 산다. 돌에 붙은 미생물과 곤충의 애벌레를
주식으로 한다.
산란기는 4월에서 7월 사이이지만 5, 6월이 성기이다. 돌 밑이나 바위틈에 외겹으로
알을 붙여 낳는다. 1.5센티미터 안팎으로 성장하면 어미 고기와 거의 같은 형질을
갖추게 된다. 부화한 뒤 100일이 지나면 4.3센티미터로 성장하고 만1년에 5 내지
7센티미터, 2년에 7 내지 9센티미터, 3년에 10센티미터 이상으로 성장한다.
금강, 웅천천, 만경강에만 분포하는 우리나라 특산종이다. 1935년에 황간과 진안에서
발견되어 신종으로 발표된 종이다.

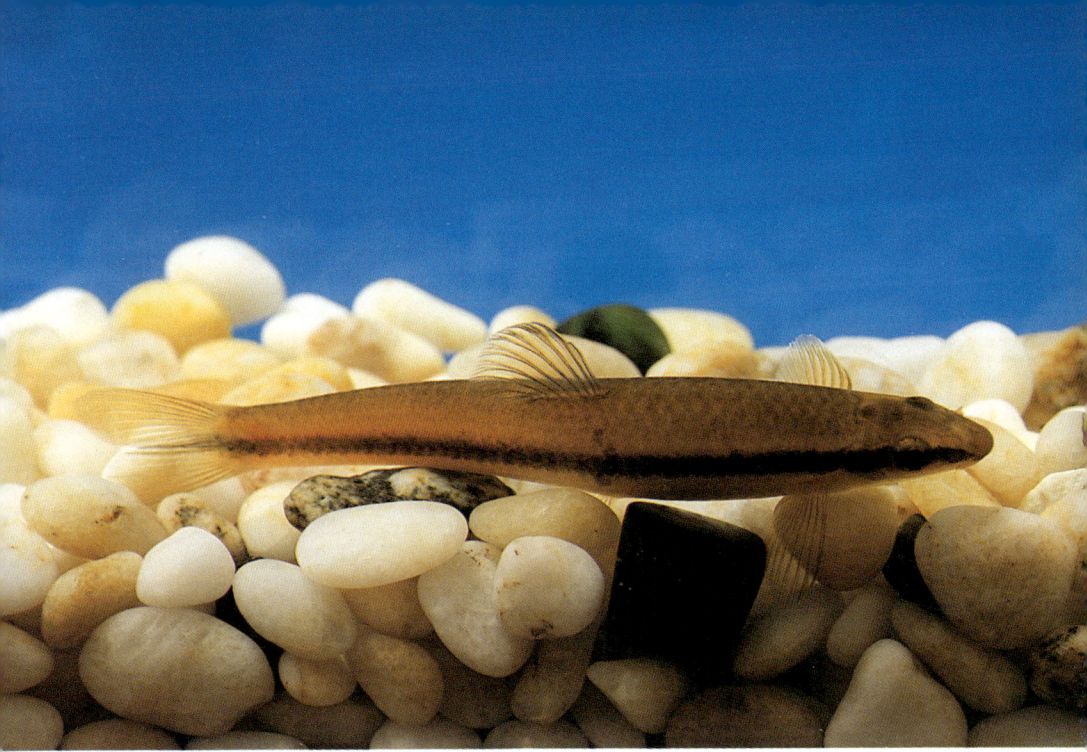

가는돌고기

출현 빈도가 0.08퍼센트, 50위 이하로 떨어지는 종이지만 돌고기와 비슷한 종이다.
몸의 길이가 8 내지 10센티미터 정도의 개체들은 흔하지만 12센티미터 이상은 아직
발견되지 않는다.

돌고기에 비하면 몸은 가늘고, 배가 부르지 않다. 입은 작고 주둥이의 밑에 있으며
입수염은 눈의 지름보다 훨씬 짧다.

등은 암갈색이고 배는 담갈색이다. 몸 옆면 중앙부를 달리는 흑갈색 세로띠는 돌고기
의 경우와 같다. 등지느러미의 윗부분에 그것을 가로지르는 흑갈색 가로무늬가 있어
서 돌고기와 구별이 된다.

물이 맑고 바닥에 자갈이 깔린 하천의 중류와 상류에서 산다. 식성은 돌에 붙은 미생
물과 곤충의 애벌레를 주식으로 하는 것으로 추정된다.

한강과 임진강의 중상류에서만 살고 있는 한국 특산종이다.

가는돌고기는 1978년에 전상린 박사가 강원도 횡성군 안흥면에서 발견하여 1980
년에 신종으로 발표한 종이다.

현지 주민들은 돌고기와 가는돌고기를 구별하지 않고 같은 방언으로 부르고 있다.

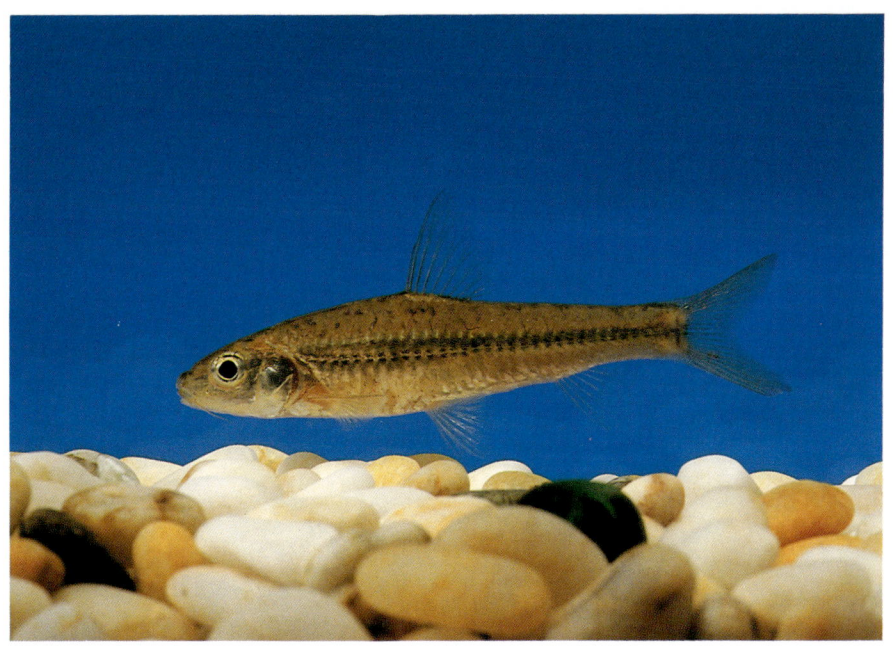

긴몰개

긴몰개의 출현 빈도는 1.96퍼센트 11위로서 순위가 비교적 높은 편이다.

몸의 길이가 7, 8센티미터 되는 개체들은 흔히 볼 수 있으나 10센티미터 이상은 발견되지 않는다.

몸은 원통형에 가깝지만 후반부는 옆으로 납작하다. 비늘과 눈은 크다. 입수염은 한 쌍으로 비교적 길어서 눈의 지름과 같거나 약간 길다. 아래턱이 위턱보다 약간 짧고 옆줄은 직선형이다.

몸은 은백색이지만 등 쪽은 암색이다. 몸 옆면 중앙부의 피부 밑에는 암색 세로띠가 있고 후반부로 갈수록 색이 짙다.

호수나 늪, 유속이 완만한 하천 등에서 살며 수초가 우거진 곳을 특히 좋아한다. 육식성이고 수질 오염에 대한 적응력이 비교적 강하다.

산란기는 5, 6월이고 부화한 어린 물고기가 2.7센티미터에 달하면 어미 물고기와 거의 같은 형질을 갖추게 된다. 만1년에 4센티미터 안팎, 3년이 지나면 8센티미터 이상으로 성장한다.

주로 남해와 서해로 흐르는 각 하천에 분포하지만 동해로 흐르는 일부 하천에도 분포한다. 우리나라의 특산종이고 북한에도 분포한다.

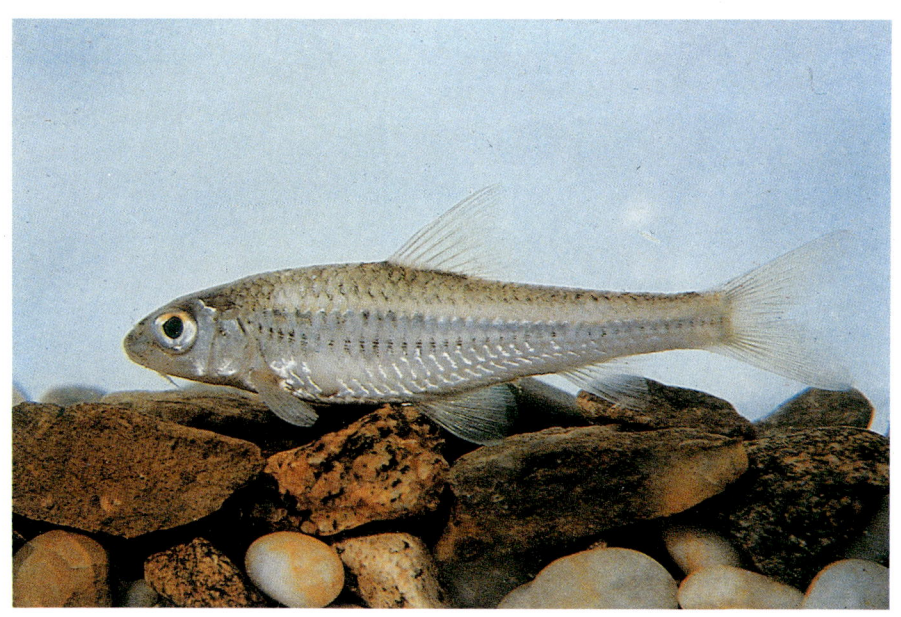

참몰개

참몰개의 출현 빈도는 0.63퍼센트, 27위로서 순위는 긴몰개보다 떨어진다.
몸의 길이가 8 내지 10센티미터의 개체들은 흔하지만 14센티미터 이상은 드물다.
생긴 모양이 긴몰개와 유사하지만 배가 부르고 눈이 크며, 입수염은 눈의 지름보다
길고 옆줄은 전반부가 배 쪽으로 휘어 있어서 긴몰개와 구별할 수 있다.
등은 암갈색이고 배는 은백색이다. 몸의 옆면 중앙부보다 약간 등 쪽에는 피부 밑에
암색 세로띠가 있다.
호수나 늪, 수심이 얕고 수초가 우거진 하천 등에서 산다. 여러 마리가 떼지어 표층이
나 중층을 활발히 헤엄친다. 잡식성이어서 곤충을 비롯하여, 식물의 씨, 동식물의
조각 등 닥치는 대로 잡아먹는다.
산란기는 6월에서 8월 사이이고 9, 10월에는 1.5 내지 5센티미터 정도의 새끼를
볼 수 있다. 몸의 길이가 3.2센티미터를 넘게 되면 어미 고기와 거의 같은 형질을
갖추게 된다. 만1년에 4, 5센티미터, 2년에 6, 7센티미터, 3년이 지나면 10센티미터
이상으로 성장한다.
한강 이남에 분포하는 우리나라 특산종이다. 현지 주민들은 본종과 긴몰개를 구별하
지 않고, 같은 방언으로 부르고 있다.

몰개

몰개의 출현 빈도는 0.17퍼센트, 50위에서 훨씬 벗어난다. 그러나 긴몰개나 참몰개와 유사한 종이어서 여기에 소개한다.

몸의 길이가 10센티미터 안팎의 개체들은 흔하고 14센티미터 이상은 매우 드물다. 외형은 참몰개와 흡사해서 배가 부르고 눈이 크다. 그러나 입수염은 대단히 짧아서 눈 지름의 2분의 1보다 짧다. 옆줄의 전반부가 배 쪽으로 휘는 것은 참몰개의 경우와 마찬가지이다.

몸색은 등이 암갈색, 배가 은백색이다. 몸 옆면 중앙부에는 흑갈색 세로띠가 있다. 호수나 늪, 유속이 완만한 하천에서 산다. 표층이나 중층을 떼지어 헤엄친다. 잡식성이어서 물 속에서 사는 곤충이나 수초에 붙은 미생물 등을 주식으로 하지만 동식물의 부서진 조각 등 닥치는 대로 먹는다.

산란기는 6월에서 8월 사이로 추정되며, 만1년에 4센티미터, 2년에 6센티미터, 4년 이상이 지나야 10센티미터 이상으로 큰다.

한강, 금강, 동진강 등에 분포하는 우리나라 특산종이며 북한에도 분포한다.

현지 주민들은 긴몰개와 구별하지 않고 같은 방언으로 부르고 있다.

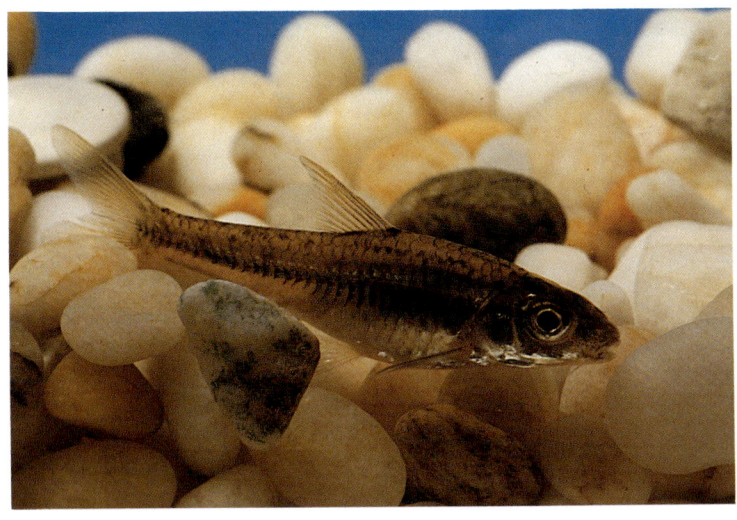

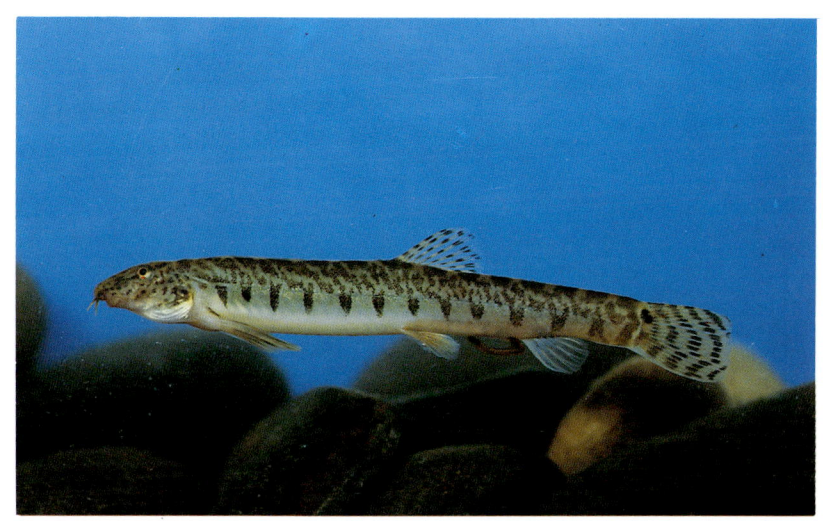

참종개

참종개의 출현 빈도는 1.73퍼센트, 13위이다. 순위는 기름종개속의 어류 가운데에서 가장 높다.

몸의 길이가 7 내지 10센티미터 정도의 개체들은 흔히 볼 수 있으나 14센티미터 이상에 달하는 개체는 아직 발견되지 않았다.

몸은 미꾸리형이고 머리와 함께 옆으로 납작하다. 입은 작고 주둥이의 밑에 있으며 입술은 육질이다. 입수염은 짧고 세 쌍이며 눈은 작다. 눈 밑에는 끝이 둘로 갈라지고 세울 수 있는 가시가 있다. 옆줄은 불완전해서 가슴지느러미의 기저를 넘지 못한다. 수컷의 가슴지느러미 기부에 있는 골질반은 가늘고 길다.

몸의 바탕은 담황색이고 반문은 암갈색, 배는 회다. 몸의 옆면 중앙부에는 10 내지 18개의 긴 삼각형 가로무늬가 열지어 있다. 등에는 구름 모양의 반문이 있고 등지느러미와 꼬리지느러미에는 줄무늬가 있다.

유속이 비교적 빠르고 물이 맑으며 바닥에 자갈이 깔려 있는 하천의 중상류에 산다. 잡식성이지만 곤충의 애벌레를 주식으로 한다.

산란기는 6, 7월이고 만1년에 4 내지 7센티미터, 2년에 7 내지 9센티미터, 3년에 10센티미터 이상으로 성장한다.

노령산맥 이북에 분포하는 한국 특산종으로 북한에도 분포되어 있을 것으로 추측하고 있다.

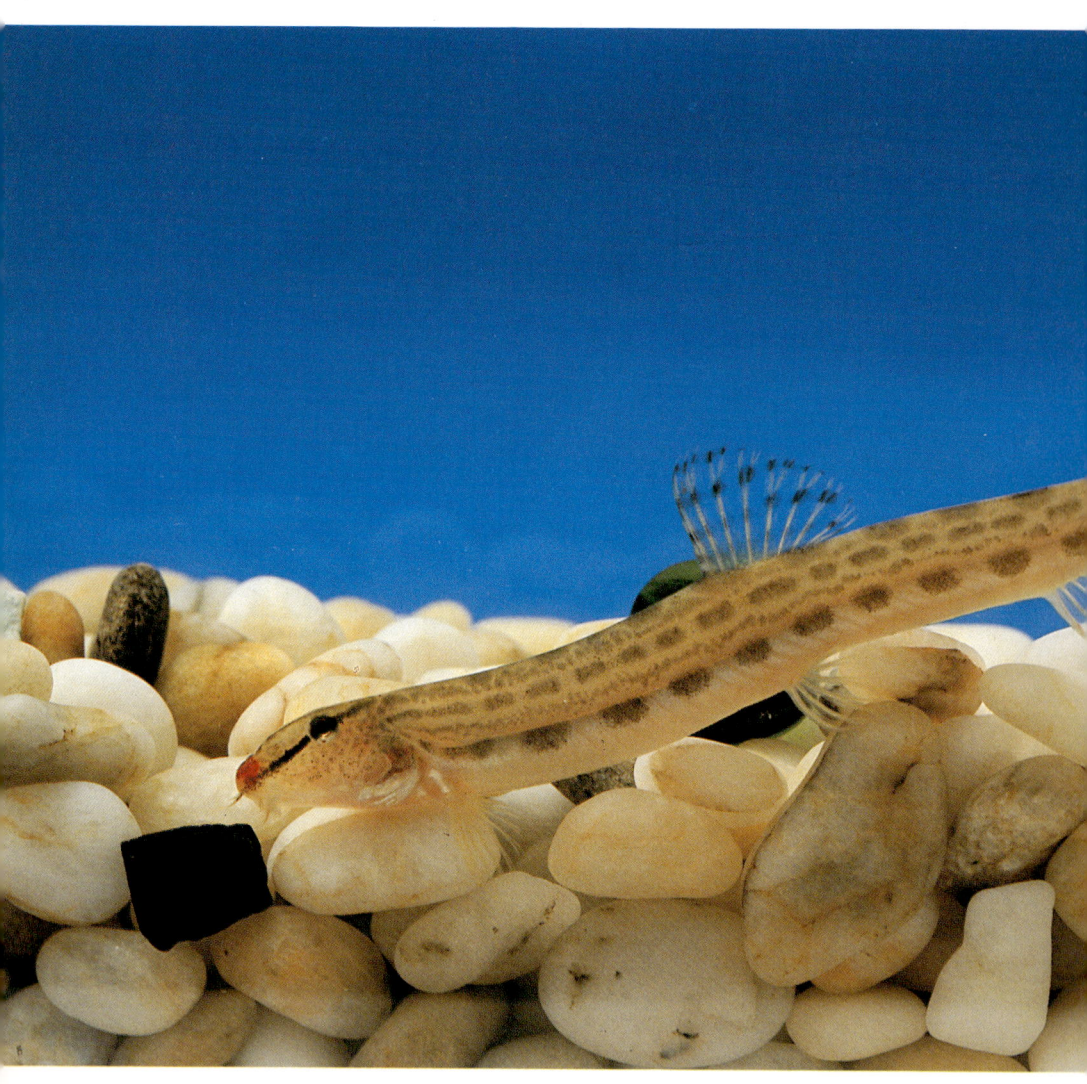

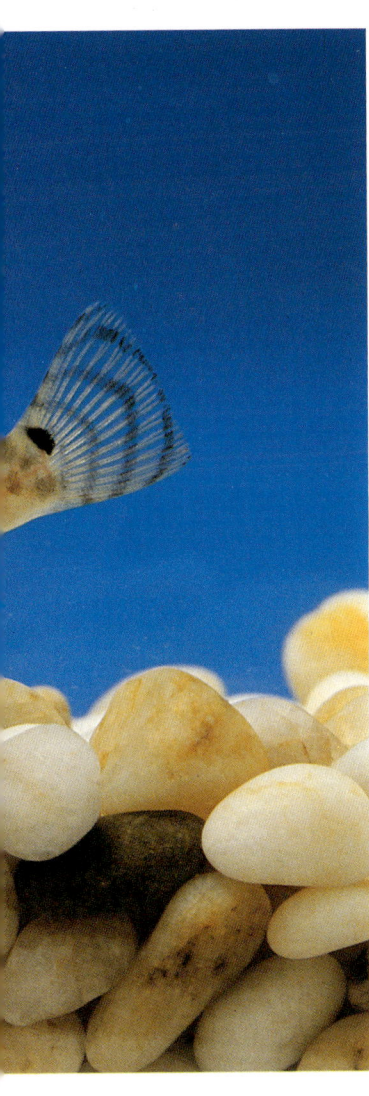

점줄종개

점줄종개의 출현 빈도는 0.52퍼센트, 35위로서 순위는 많이 떨어진다.

몸의 길이가 7, 8센티미터 되는 것들은 흔히 볼 수 있으나 12센티미터 이상은 발견되지 않는다. 몸은 미꾸리형이고 주둥이는 비교적 길며 입은 작고 밑에서 보면 반원형이다. 입수염은 네 쌍, 눈 밑의 가시는 끝이 둘로 갈라지고 세울 수 있게 되어 있다. 옆줄은 불완전하고 수컷의 골질반은 원반형이다.

몸의 바탕은 담황색이고 암컷과 수컷의 반문은 같지 않다. 암컷은 몸이 크고 옆면에 세 줄의 갈색 세로줄이 있으며 등날에는 12 내지 14개의 반점열이 있고 배 쪽에는 긴 사각형의 반점열이 있다. 수컷은 몸이 작고 배 쪽에는 두 줄의 세로띠가 있다. 계절에 따르는 변화가 심하다.

물이 맑고 유속이 완만하며, 바닥에 모래나 자갈이 깔린 곳에서 산다. 잡식성이지만 곤충의 애벌레를 주식으로 한다.

산란기는 5, 6월로 추정되지만 생활사나 성장도는 밝혀지지 않았다.

서해와 남해로 흐르는 각 하천에 분포한다. 북한의 일부 지역에도 분포하는 것으로 추정되며 중국에도 분포한다.

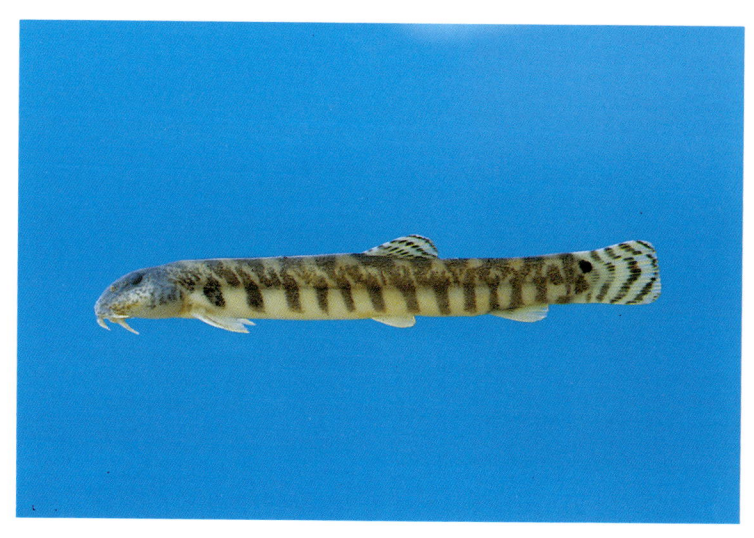

왕종개

왕종개의 출현 빈도는 0.38퍼센트로 43위이다.

몸의 길이가 10 내지 15센티미터의 개체들은 흔하지만 18센티미터 이상은 매우 드물다.

몸의 생김새는 참종개와 흡사하다. 머리가 길고 옆으로 납작하며 주둥이가 길다. 입이 작으며 주둥이 밑에 있고 입술이 육질이고 입수염이 세 쌍이다. 또한 눈이 작고 눈 밑에 가시가 있으며 옆줄이 불완전하다. 수컷의 골질반은 혹 모양으로 비대하고 몸 옆면의 삼각형 무늬 가운데 첫번째가 특히 색이 짙으며 대형인 점은 참종개와 달라서 두 종을 구별하는 것은 어렵지 않다.

물이 맑고 물살이 비교적 세며 바닥에 자갈이 깔린 하천의 중상류에서 산다. 잡식성 이지만 주로 물 속에 사는 곤충의 애벌레를 잡아먹는다.

산란기는 4월에서 6월 사이이고 성기는 5월로 추정된다. 만1년에 몸의 길이가 6 내지 20센티미터, 2년에 10 내지 13센티미터, 3년에 13 내지 15센티미터로 성장한 다. 18센티미터 이상으로 성장하는 데는 5년 이상이 걸리는 것으로 추정된다.

소백산맥과 노령산맥 이남에 분포하는 우리나라 특산종으로 1976년에 김익수 박사 가 신종으로 발표한 종이다.

기름종개

기름종개의 출현 빈도는 0.28퍼센트, 49위, 참종개에 비하면 순위가 많이 떨어진다. 몸의 길이가 7 내지 10센티미터 정도의 개체들은 흔히 볼 수 있고, 때로는 15센티미터 정도의 것도 볼 수 있다.

기름종개속에 속하는 다른 종들에 비하여 머리의 길이가 짧고 주둥이가 길며 입이 작고 밑에서 보면 반원형이다. 또 입수염은 네 쌍이고, 세번째가 가장 길어서 눈 지름의 1.5 내지 2배나 된다. 옆줄은 불완전하여 가슴지느러미의 중앙부 위에서 끝난다. 수컷의 골질반은 원반형이다.

몸의 바탕색은 담황색이고 몸의 양측 중앙부에는 직사각형의 암갈색 반점이 열지어 있어서 다른 종과 구별할 수 있다.

맑은 물이 흐르고 바닥에 모래가 깔려 있는 하천의 중상류에서 산다. 모래 속에서 사는 작은 동물들을 모래와 함께 입에 넣고 모래는 아감덮개를 열고 밖으로 낸다.

산란기는 4월에서 6월 사이, 성기는 5월이다. 만1년에 4 내지 6센티미터, 3년에 12센티미터 이상으로 성장한다. 우리나라에서는 낙동강 수계에만 분포하며 중국에도 분포한다.

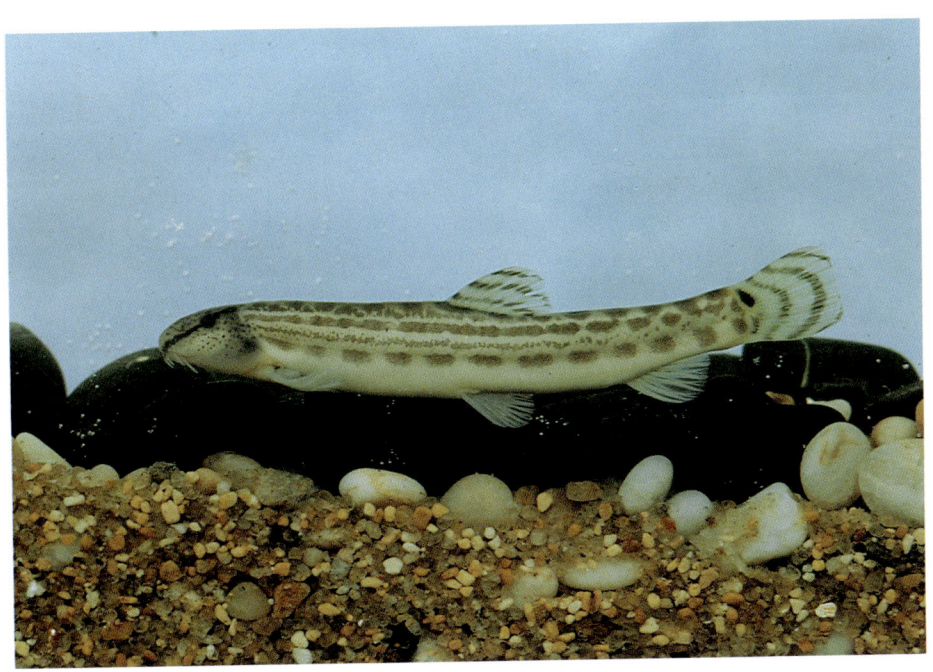

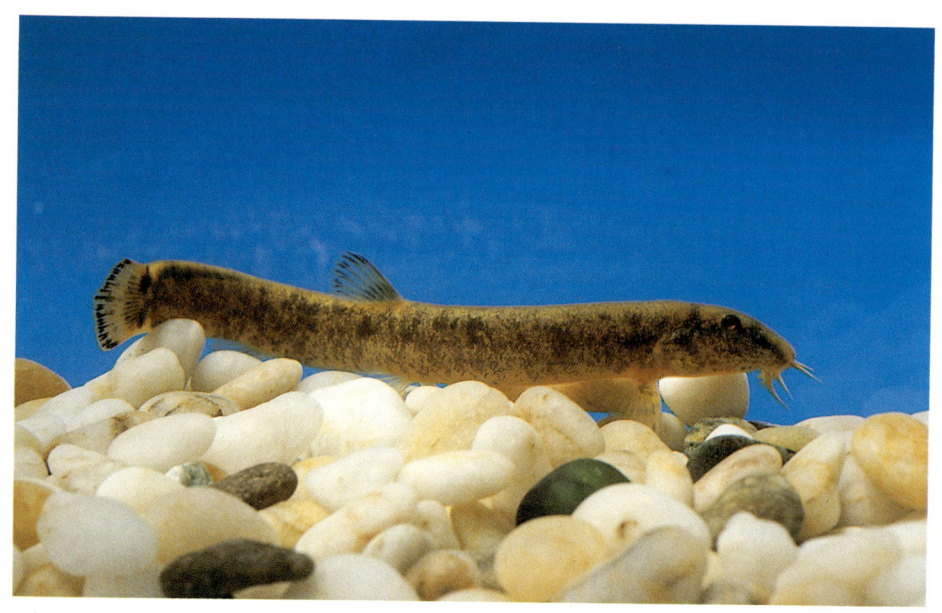

새코미꾸리

새코미꾸리의 출현 빈도는 0.22퍼센트로 순위는 50위에서 훨씬 벗어나지만 지방에 따라서는 입수하기가 쉽다.

몸의 길이가 15센티미터 안팎의 개체들은 흔하고 때로는 20센티미터 이상도 볼 수 있다.

몸의 생김새는 다른 기름종개속의 물고기들과 공통 형질을 많이 갖추고 있다. 머리와 몸통이 옆으로 납작한 것, 입이 주둥이의 밑에 있고 반원형인 것, 입술수염이 네 쌍인 것, 눈이 작고 눈 밑에 끝이 둘로 갈라진 가시가 있는 것 등이다. 머리에는 비늘이 없고 수컷의 골질반은 원형이며 가장 긴 입수염은 눈 지름의 2, 3배에 달한다.

주둥이의 끝에서 꼬리지느러미의 기부에 이르기까지 등날을 따라 폭이 넓은 흰 띠가 있고 몸의 양측에는 구름 모양의 암갈색 무늬가 있는 것이 특이하다.

물이 맑고 유속이 빠르며 바닥에 자갈이 깔린 곳에서 산다. 잡식성이지만 주로 물 속에 사는 곤충을 주식으로 한다.

산란기는 5, 6월로 추정되며, 몸의 길이가 5센티미터를 넘으면 이미 어미 고기와 같은 형질을 갖추게 된다.

한강, 금강, 낙동강, 삼척 오십천 등에 분포하는 한국 특산종이다.

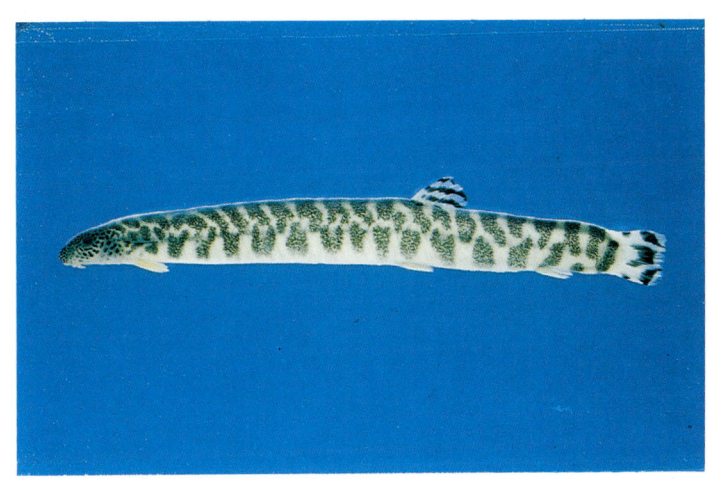

수수미꾸리

수수미꾸리의 출현 빈도는 0.15퍼센트로 50위에서 훨씬 벗어나지만 기름종개속에 가까운 종이다.

몸의 길이가 10 내지 13센티미터의 개체들은 흔하지만 14센티미터 이상은 드물다. 기름종개속의 종들과 다른 형질은 등지느러미가 몸의 길이의 반보다 뒤에 위치한다. 배지느러미도 몸의 후반부에 위치한다. 수컷의 가슴지느러미에 골질반이 없다. 머리가 작고 흑갈색 반점이 흩어져 있다. 몸의 양측에 13 내지 18줄의 폭이 넓은 갈색 호랑이무늬를 형성하고 양측의 가로띠는 등에서 연결된다.

물이 맑고 바닥에 자갈이 깔린 하천의 중상류에 산다. 행동이 민첩해서 놀라면 바로 돌 밑에 숨는다. 돌에 붙은 미생물을 주식으로 한다.

산란기는 5, 6월로 추정된다. 몸의 길이가 3.0센티미터를 넘게 되면 몸 양측의 가로무늬까지 완성된다. 금년생 어린 수수미꾸리는 겨울을 맞기 전까지 3.5 내지 6.0센티미터까지 성장한다.

수수미꾸리는 낙동강 수계에만 분포하는 우리나라 특산종이다.

수수미꾸리는 모리와 와끼야가 1929년에 신종으로 발표하면서 기름종개속에 속한다고 했지만 김(익수)과 사와다는 니와엘라속에 소속시켜야 된다고 했다.

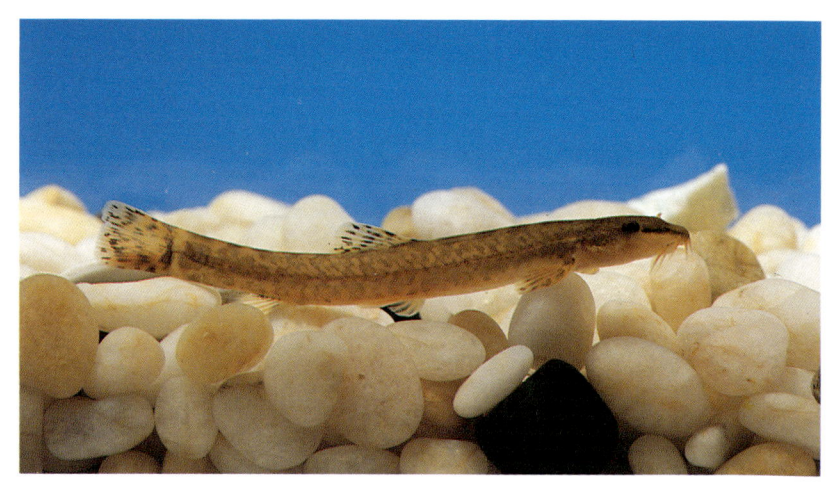

종개

종개의 출현 빈도는 0.54퍼센트로 31위이다.

몸의 길이가 10센티미터 안팎의 개체들이 흔하지만 때로는 20센티미터 이상 되는 개체도 볼 수 있다.

몸은 미꾸리형이고 외형상으로 보면 기름종개속의 물고기들과 흡사하지만 다음에 열거하는 바와 같이 특이한 형질들을 갖추고 있다. 첫째, 눈 밑에는 끝이 둘로 갈라지고 세울 수 있는 가시가 없다. 둘째, 입수염은 위턱에 세 쌍이 있을 뿐 아래턱에는 없다. 셋째, 옆줄은 완전하다. 넷째, 꼬리지느러미의 바깥 가장자리는 직선형이거나 약간 안으로 굽는다.

몸의 바탕은 황갈색이지만 배 쪽은 색이 연하다. 몸의 양측 등 쪽에는 구름 모양의 반문이 있다.

물이 맑고 수온이 낮으며, 산소 함량이 높고 바닥에 모래나 자갈이 깔린 곳에서 산다. 따라서 하천의 상류 쪽에서 발견되는 경우가 많다.

산란기는 4, 5월로 추정되며 몸의 길이가 2센티미터를 넘게 되면 어미 고기와 거의 같은 형질을 갖추게 된다. 만1년에 8 내지 10센티미터, 2년에 12센티미터 안팎으로 성장한다.

주로 한강 수계와 북부 영동 지역에 분포하며 북한, 중국, 일본, 러시아 등에도 분포한다.

치리

치리의 출현 빈도는 1.71퍼센트로 14위이다. 순위가 비교적 높아서 일부 지방에서는 입수하기가 대체로 쉽다.

몸의 길이가 13 내지 20센티미터의 개체들은 흔하고 때로는 25센티미터 안팎의 개체도 발견된다.

몸은 피라미와 유사하지만 옆으로 심하게 납작하다. 비늘은 커서 옆줄의 비늘수는 50을 넘지 못하고 벗겨지기 쉽다. 입은 주둥이의 끝에 있고 작으며 위를 향한다. 입수염이 없고 눈이 크다. 옆줄은 가슴 부분에서 배 쪽으로 심하게 휜다. 뱃날에는 가슴지느러미가 달린 뒤끝에서 항문 바로 앞까지 칼날돌기가 이어진다. 배지느러미는 등지느러미보다 앞에 위치한다. 뒷지느러미살은 12 내지 13이다.

몸은 은백색, 등은 청갈색을 띤다.

호수나 늪, 물이 완만하게 흐르는 하천 등지에서 산다. 물의 표층이나 중층을 활발히 헤엄치고 놀랐을 때는 재빨리 흩어졌다가 바로 다시 모여든다. 잡식성이지만 식물의 부서진 조각이나 씨를 주식으로 한다.

산란기는 6, 7월, 만1년에 몸의 길이가 6 내지 9센티미터, 2년에 10 내지 13센티미터, 3년에 14 내지 15센티미터로 성장한다.

한강 이남의 서해로 흐르는 각 하천의 하류에 사는 한국 특산종이다.

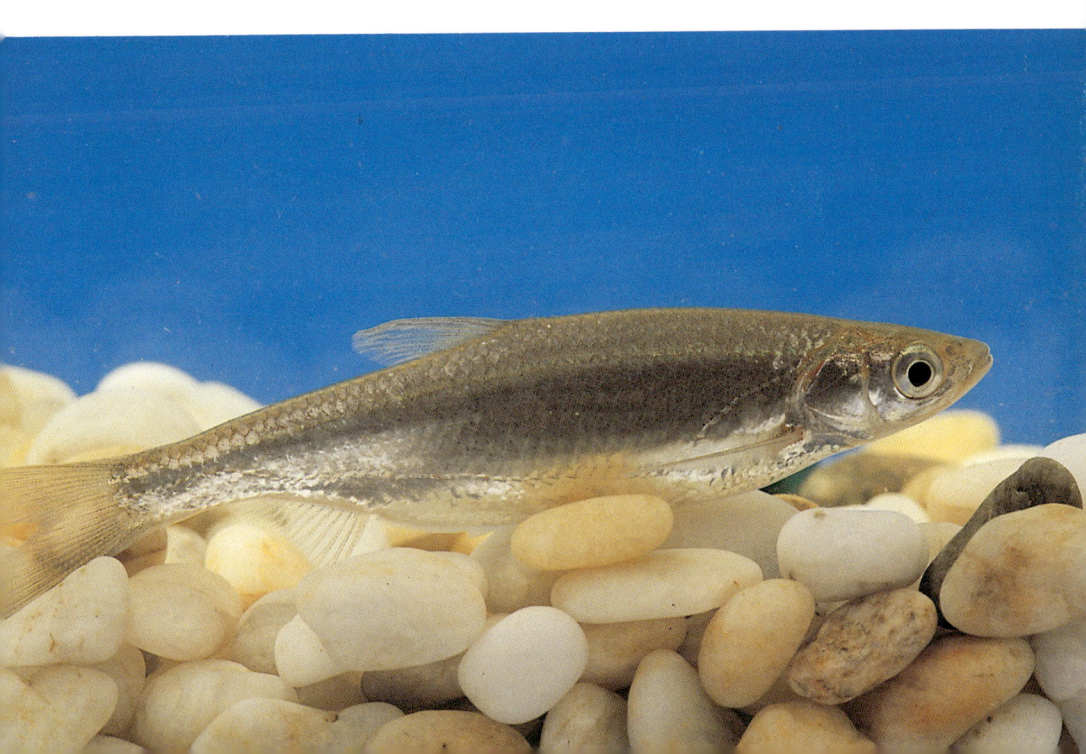

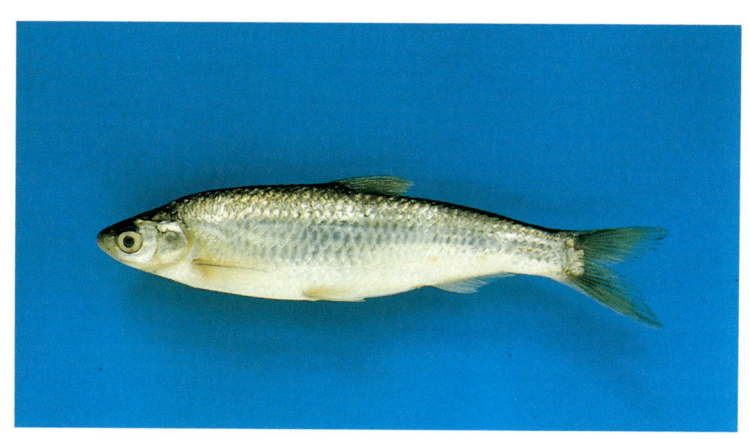

살치

살치의 출현 빈도는 0.37퍼센트로 44위이다. 치리에 비하면 순위가 많이 떨어진다. 몸의 길이가 10 내지 20센티미터 되는 개체들은 흔하고, 때로는 20센티미터 이상의 개체들도 볼 수 있다.

몸이 옆으로 납작하지만 치리처럼 심하지는 않다. 또한 비늘이 크고 벗겨지기 쉬우며 입이 작고 주둥이의 끝에 있는 것, 입수염이 없고 눈이 비교적 큰 것 등은 치리의 경우와 같다. 아래턱이 위턱보다 짧고 옆줄이 완만하게 휘며, 배의 칼날돌기는 가슴 지느러미가 달린 자리보다 뒤에서 시작하는 것이 치리와 다르다.

몸색은 은백색이지만 등은 청갈색이다.

호수나 늪, 하천의 유속이 완만한 곳에서 살면서 활발히 헤엄친다. 실지렁이나 새우 등을 주식으로 한다.

산란기는 6, 7월이고 알을 수초에 붙인다. 만1년에 6 내지 7센티미터, 2년에 10 내지 12센티미터, 3년에 15센티미터 정도로 성장한다. 20센티미터 이상으로 성장하려면 5, 6년이 걸린다.

한강 이북의 서해로 흐르는 하천에 살며 북한과 중국에도 분포한다.

서유구의 「난호어목지」에는 "매년 여름에 달이 차면 하류에서 상류로 떼지어 올라간다. 헤엄치는 속도가 빨라서 살치라고 한다"라고 기록되어 있다.

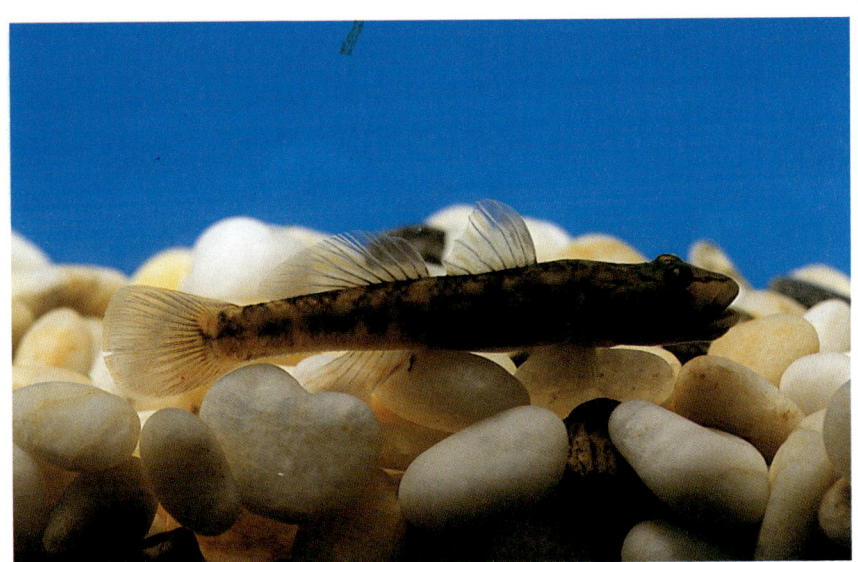

밀어

밀어의 출현 빈도는 1.70퍼센트로 15위이다. 순위가 비교적 높아서 가정 수족관에서 도 흔히 볼 수 있다.

몸의 길이가 6 내지 8센티미터 되는 개체들은 흔하지만 12센티미터 이상은 드물다. 밀어는 망둥어과에 속한다. 좌우 배지느러미는 하나로 융합하여 빨판을 형성하고 등지느러미는 둘이며 옆줄이 없다. 몸은 대체로 원통형이지만 후반부는 옆으로 납작 하다. 머리에는 비늘이 없고 배빨판은 둥글다. 제1등지느러미는 가시만 6개이고 제2 등지느러미는 가시가 1개, 살이 8, 9개이다.

몸색은 사는 곳에 따라 변화가 심하지만 바탕은 황갈색 또는 회갈색이다. 몸 옆면에 는 구름 모양의 반문이 있고 두 눈 앞에는 윗입술을 향하는 '八'자 모양의 폭이 좁은 붉은색 띠가 있다.

하천, 호수, 늪 등 비교적 물이 맑고 바닥에 자갈이 깔린 곳에서 산다. 하천의 중류나 상류에도 살고 주로 여울에 살면서 돌 밑에 잘 숨는다. 돌에 붙은 미생물을 주식으로 하지만 곤충도 잡아먹는다.

산란기는 5월에서 8월 사이, 만1년에 2, 3센티미터로 성장한다.

전국적으로 분포하며 북한, 중국, 일본 및 연해주 등에도 분포한다.

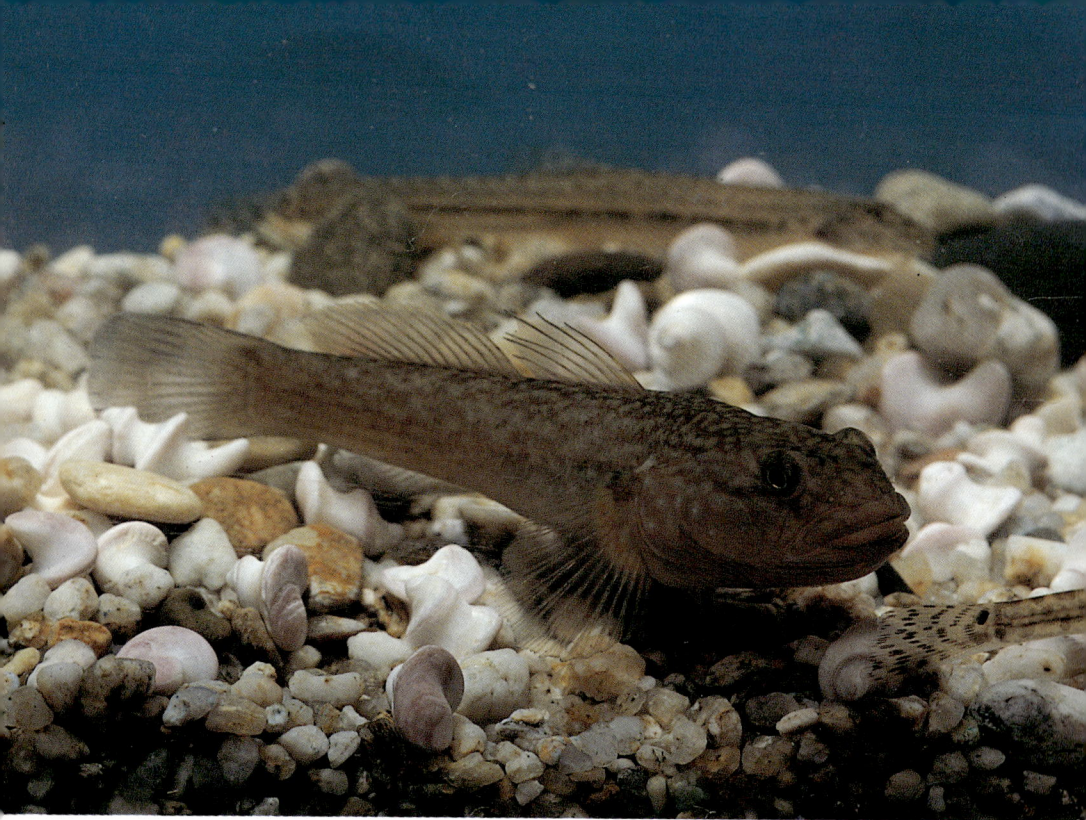

검정망둑

검정망둑의 출현 빈도는 0.52퍼센트로 같은 망둥어과이면서 순위는 밀어에 비해서 많이 떨어진다.

몸길이가 7 내지 10센티미터 되는 것은 흔하고 13센티미터를 넘는 개체는 드물다. 몸은 원통형이고 후반부는 옆으로 납작하다. 비늘은 커서 중앙부의 한 줄은 37 이하이 지만 배 쪽은 작아서 수가 많고 머리에는 비늘이 없다. 배지느러미 빨판은 둥글다. 제1등지느러미는 가시가 6개이고, 제2등지느러미는 가시가 1개, 살이 10 내지 12 개이다.

등은 암갈색, 배는 담갈색이다. 뺨과 아감덮개에는 작은 흰 점이 흩어져 있고 몸 양측 에는 뚜렷하지 못한 6 내지 10의 암색 세로줄이 있다. 수컷의 가슴지느러미 기부에는 초승달 모양의 주황색 가로무늬가 선명하다.

수정란에서 부화한 알은 바로 바다로 내려가서 1 내지 3개월이 지난 뒤에 1센티미터 정도가 되면 다시 강으로 거슬러 올라온다. 주로 조수가 드나드는 구역에서 살며 돌에 붙은 미생물을 주식으로 한다.

산란기는 5월에서 8월 사이이다. 수컷이 돌 밑에 산란장을 꾸미고 암컷을 맞아 알을 낳게 한 뒤에 그것을 지킨다. 만1년이면 2 내지 6센티미터로 성장한다.

거의 전국적으로 분포하며 북한, 중국, 연해주 등에도 분포한다.

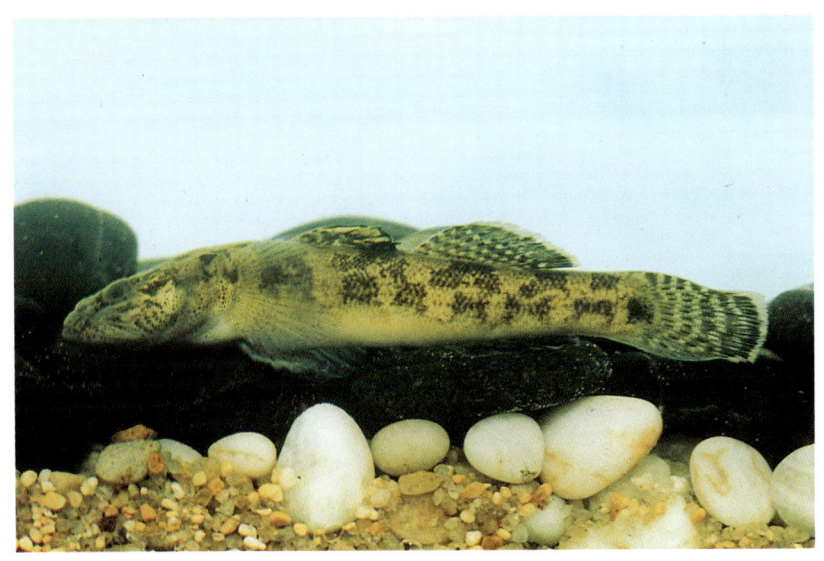

꾹저구

꾹저구의 출현 빈도는 0.53퍼센트로 32위이다. 밀어에 비하면 순위가 떨어지지만 강의 하구 구역에서는 비교적 흔한 종이다.

몸의 길이가 10센티미터 안팎의 개체들은 흔하지만 14센티미터 이상은 드물다.

몸은 원통형이지만 머리는 위아래로 납작하고 후반부는 옆으로 납작하다. 머리에는 비늘이 없으며 머리는 넓고 두 눈 사이도 눈의 지름보다 넓다. 제1등지느러미가시는 6, 7개이고 제2등지느러미는 가시가 1개, 살은 8 내지 12개이다.

몸색은 암갈색이고 몸의 양측 중앙부에는 7 내지 9개씩의 흑갈색 반점이 줄지어 있다. 제1등지느러미의 뒤쪽에는 1개의 큰 흑반점이 있다.

주로 바닷물과 민물이 섞이는 구역에서 살지만 때로는 하천의 중류까지도 거슬러 올라간다.

육식성으로 곤충을 비롯하여 바닥에 붙어서 사는 여러 동물들을 잡아먹는다.

산란기는 5월에서 7월 사이로 추정된다. 2센티미터 미만의 새끼들은 바다의 연안에서 부유 생활을 하면서 주로 동물성 플랑크톤을 섭취한다. 2.5센티미터를 넘게 되면 어미 고기와 거의 같은 형질을 갖추게 된다.

전국적으로 분포하며 북한, 중국, 러시아, 일본 등에도 분포한다.

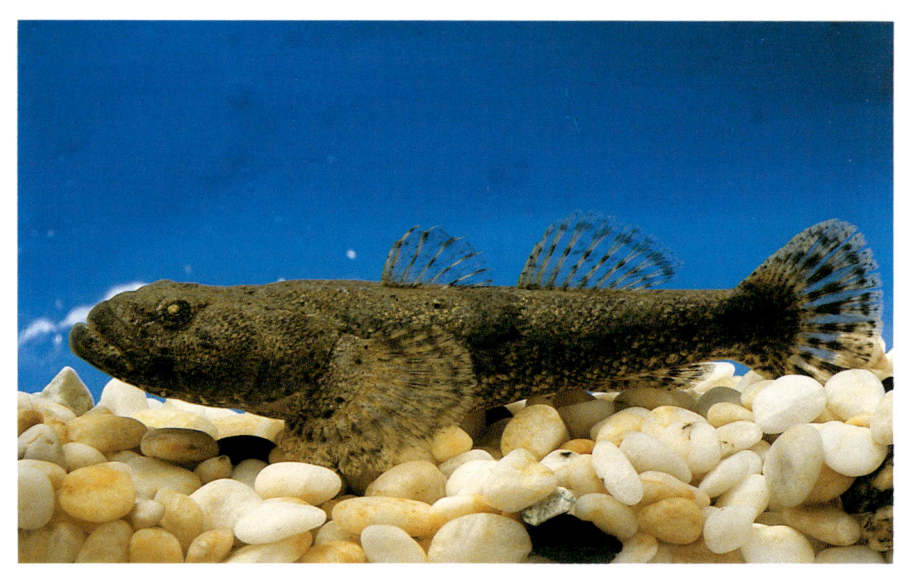

동사리

동사리의 출현 빈도는 1.56퍼센트로 16위이다. 비교적 순위가 높아서 입수하기가 쉬우며 구굴무치과에 속한다.

몸의 길이가 10 내지 15센티미터의 개체들은 흔하지만 20센티미터 이상은 드물다. 등지느러미가 둘이고 배지느러미 한 쌍은 서로 근접해 있으나 융합하지 않으며, 옆줄이 없고 비늘이 있다. 머리는 아주 납작하고 아감덮개에는 가시가 없고 두 등지느러미는 서로 떨어져 있으며 제1등지느러미는 가시가 6 내지 8개이고 뒷지느러미는 가시가 1개, 살이 7 내지 9개이다.

등은 암갈색이고 배는 담갈색이다. 눈의 홍채에는 작은 흑반점이 있다. 몸의 양측에는 3개씩의 뚜렷한 가로무늬가 있다. 그 가운데 첫째 무늬는 제1등지느러미와 제2등지느러미 사이에 위치한다.

하천의 중류와 상류에 걸쳐서 주로 물이 깊은 소에서 산다. 육식성이어서 주변에 보이는 동물들은 무엇이든지 닥치는 대로 잡아먹는다.

4월에서 6월에 걸쳐서 산란하여 돌 밑에 붙이면 수컷이 그것을 지킨다.

거의 전국적으로 분포하는 한국 특산종이며 북한에도 분포한다.

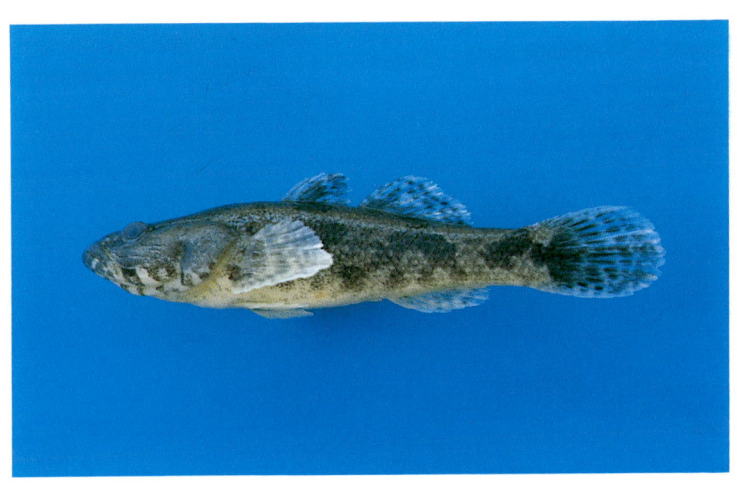

얼룩동사리

얼룩동사리의 출현 빈도는 0.20퍼센트로 순위는 50위 밖으로 떨어지지만 지방에 따라서는 동사리보다 오히려 입수하기가 쉽다.

동사리의 경우와 마찬가지로 10 내지 15센티미터의 개체들은 흔하고 20센티미터 이상은 드물다.

입이 크고 입수염이 없으며 아래턱이 위턱보다 길고, 아감덮개에 가시가 없으며 옆줄이 없는 것 등은 동사리와 같다. 그러나 동사리처럼 머리가 납작하지는 않다.

몸색이 황갈색이고 배 쪽이 연한 것은 동사리의 경우와 같지만 아감덮개의 위쪽 끝에 1개의 검은 점이 있고 몸 양측의 첫째 무늬가 제1등지느러미에 깊숙히 걸쳐 있으며, 첫째와 둘째 가로무늬가 담갈색 세로줄로 절단되는 것 등은 동사리와 다르다.

주로 하천의 중하류에 살면서 유속이 비교적 완만한 여울에서 발견된다. 낮에는 돌 밑에 숨고 주로 밤에 활동을 한다. 육식성이고 탐식을 한다.

산란기는 4월에서 6월 사이이고 수컷이 암컷을 유인하여 돌 밑에 알을 붙이게 한 다음에 그것을 지킨다.

금강 이북에 분포하는 우리나라 특산종이며 북한에도 분포하는 것으로 추정된다.

쉬리

쉬리의 출현 빈도는 1.38퍼센트, 17위로서 순위가 높은 편은 아니다.
몸의 길이가 10센티미터 안팎의 것들은 흔하지만 14센티미터 이상은 매우 드물다.
몸은 원통형에 가깝지만 후반부는 옆으로 납작하다. 입은 작고 입수염은 없으며,
아래턱이 위턱보다 짧다. 옆줄은 완전하고 거의 직선형이다.
옆줄이 있는 중앙부에 폭이 넓은 황색 세로띠가 있고 그것을 기준으로 하여 배 쪽은
은백색이다. 등 쪽은 주황색, 보라색, 흑남색으로 이어진다. 머리의 옆면에는 주둥이
의 끝에서 눈을 통과하여 아감덮개에 이르는 흑색 띠가 있다. 모든 지느러미에는
그것을 가로지르는 검은 무늬가 있는 매우 아름다운 종이다.
물이 맑고 바닥에 자갈이 깔린 하천의 중상류에서 살고 식성은 육식성이다. 수질
오염에 대한 적응력이 약하다.
산란기는 5월에서 7월 사이이다. 몸의 길이가 4, 5센티미터가 되면 어미 고기와 거의
같은 형질을 갖추게 된다. 만1년에 5, 6센티미터, 2년에 8, 9센티미터, 3년 이상이
되면 10센티미터를 넘게 된다.
우리나라 특산종이기는 하지만 비교적 널리 분포한다. 삼척 오십천과 거제도, 남해도
에도 분포한다. 삼척 오십천의 쉬리는 한강 상류에서 살았던 것이 그곳으로 넘어간
것으로 추측된다.

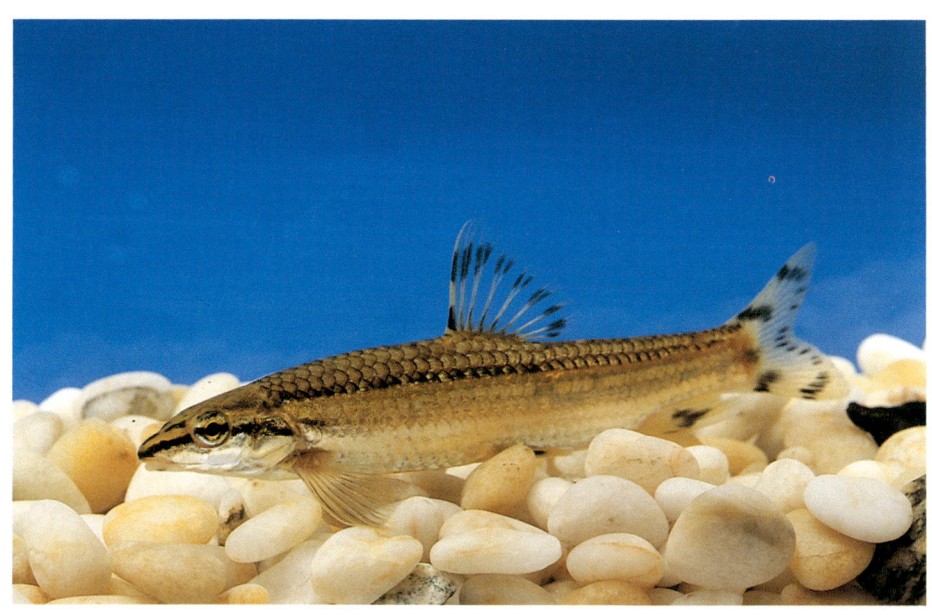

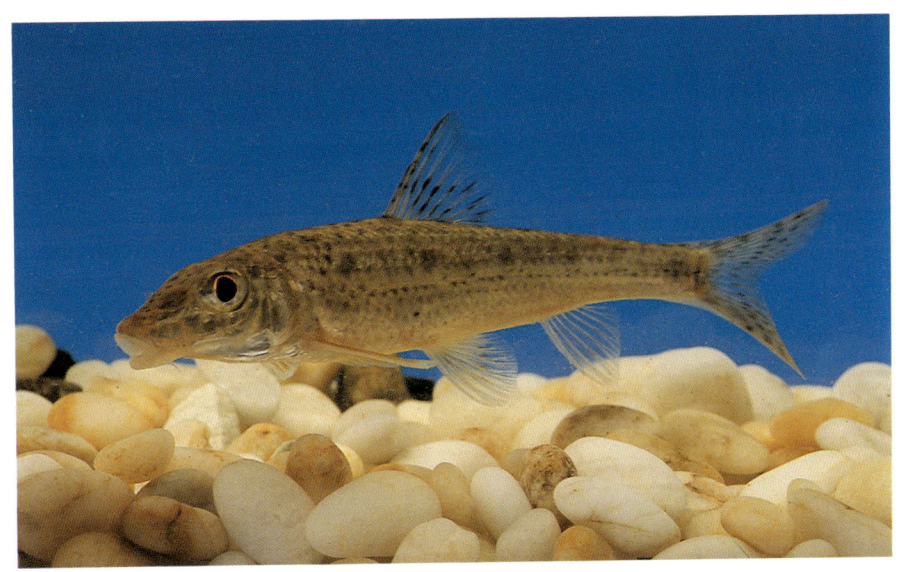

참마자

참마자의 출현 빈도는 1.37퍼센트, 18위로서 순위가 비교적 높은 편이다.
몸의 길이 15 내지 18센티미터의 개체들은 흔하지만 20센티미터 이상은 드물다.
몸은 원통형이지만 후반부는 옆으로 납작하다. 주둥이가 길고 입은 주둥이 밑에 있
다. 입수염은 한 쌍이고 길이는 눈의 지름의 반쯤 된다. 아래턱이 위턱보다 약간 짧
고, 옆줄은 완전하며 전반부가 배 쪽으로 조금 휘었다.
등은 암갈색이고 배는 은백색이다. 몸의 양측에는 여덟 줄 안팎의 작은 흑점 세로열
이 있어서 특이하다. 등지느러미와 꼬리지느러미에는 깨알 같은 작은 흑반점이 흩어
져 있다. 산란기에는 가슴지느러미가 수컷은 주황색, 암컷은 황색으로 변한다.
물이 맑고 바닥에 모래나 자갈이 깔린 하천의 중상류에 산다. 보통은 바닥에 가까운
곳을 헤엄치지만 때로는 모래 속에 묻히기도 한다. 물 속에 사는 곤충을 주식으로
하지만 돌에 붙은 미생물을 먹기도 한다.
산란기는 5, 6월이고 모래나 자갈 바닥에 산란한다. 부화한 새끼는 1센티미터를 넘으
면 이미 어미 고기와 같은 형질을 갖춘다. 만1년에 8 내지 10센티미터, 2년에 12센티
미터 안팎, 3년이면 15센티미터를 넘는다.
서해와 남해로 흐르는 각 하천에 분포하며 북한, 중국, 일본 등에도 분포한다.

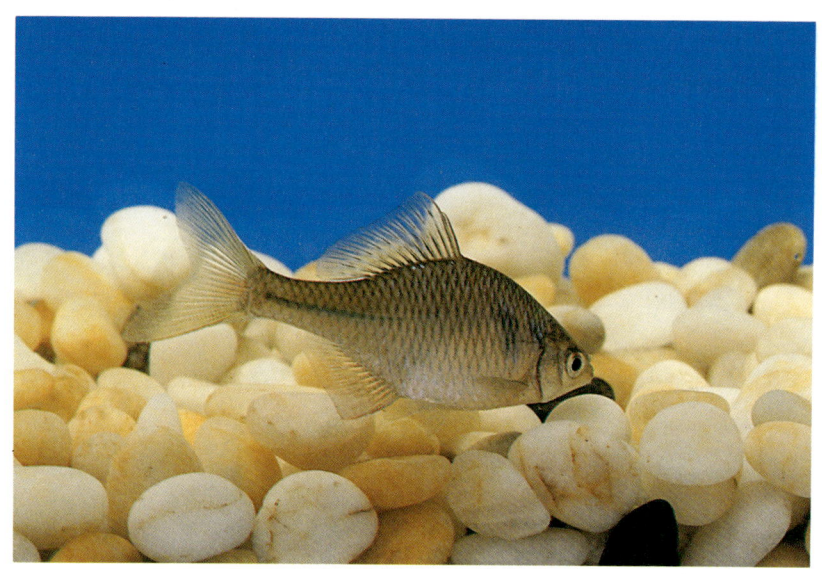

흰줄납줄개

흰줄납줄개의 출현 빈도는 1.35퍼센트, 19위로서 납줄개아과에 속하는 물고기들 가운데에서는 순위가 높은 편이다.

소형종으로 몸의 길이가 4 내지 6센티미터의 개체들은 흔하지만 8센티미터를 넘는 개체는 매우 드물다.

몸은 옆으로 심하게 납작하고 납줄개아과의 물고기 가운데에서 길이에 대한 폭의 비가 가장 크다. 비늘은 커서 옆줄의 비늘수가 34개를 넘지 못한다. 입은 작고 주둥이의 밑에 있으며 아래턱이 위턱보다 짧다. 입수염과 옆줄이 없다.

몸색은 등이 짙고 배가 연하다. 몸의 양측 중앙부에 있는 청록색 세로띠는 앞이 가늘고 뒤끝은 꼬리지느러미의 기부에 미치지 못한다. 수컷의 혼인색은 황홀하다.

수초가 우거진 연못이나 하천에서 살고 잡식성이다. 바닥에 사는 작은 동물이나 수초 등에 붙은 미생물들을 주식으로 한다.

산란기는 5, 6월이고 조개의 몸 속에 알을 낳는다. 1.5센티미터 정도의 새끼는 이미 어미 고기와 같은 형질을 갖춘다. 만1년에 4, 5센티미터, 2년에 6 내지 8센티미터까지 성장한다. 서해와 남해로 흐르는 하천에 분포하며 중국과 일본에도 있다.

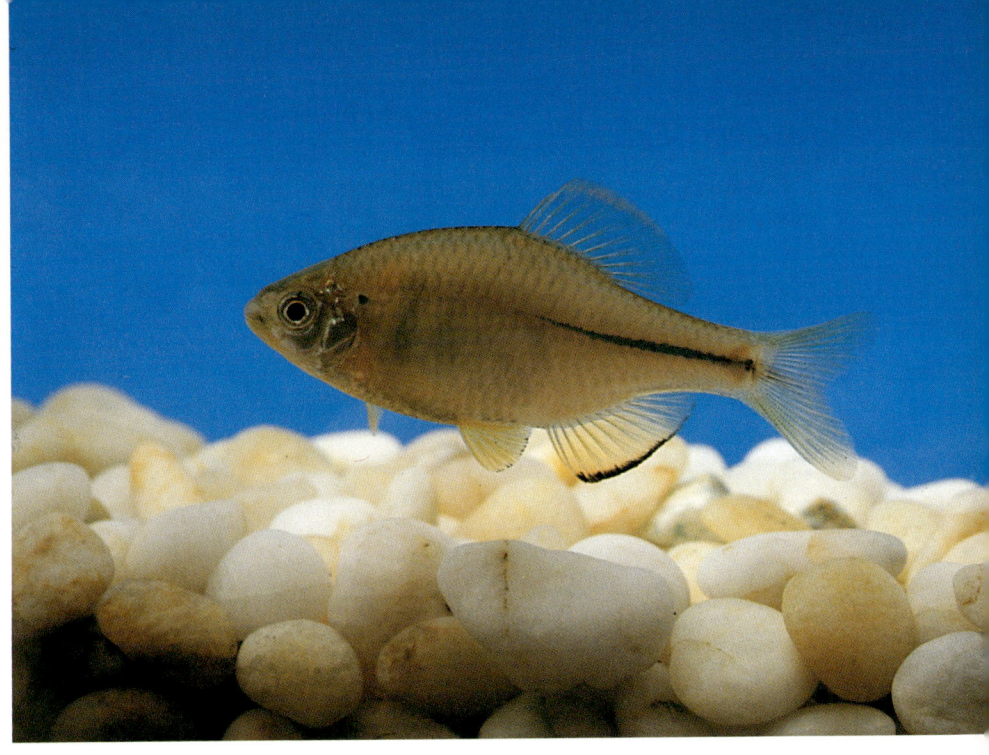

각시붕어

각시붕어의 출현 빈도는 1.11퍼센트, 순위는 흰줄납줄개에 이어서 20위이다.
흰줄납줄개보다 소형종이어서 몸의 길이가 3, 4센티미터 되는 것들은 흔하지만 5센티미터를 넘는 것은 드물다.
몸이 옆으로 심하게 납작하지만 흰줄납줄개에 비하면 폭이 좁다. 입이 작고, 아래턱이 위턱보다 짧은 것, 옆줄과 입수염이 없는 것, 등지느러미와 뒷지느러미가 다 같이 긴 것 등은 흰줄납줄개의 경우와 일치한다.
등은 암갈색이고 배는 은백색이다. 몸의 양측 중앙부에는 등지느러미보다 뒤에서 시작해서 꼬리지느러미의 기부에서 끝나는 청록색 세로띠가 있다. 전반은 가늘고 후반은 끝까지 굵다. 수컷의 혼인색은 매우 황홀하다.
유속이 완만하고 수초가 우거진 하천이나 호수, 늪에서 산다. 놀라면 수초나 돌 밑에 숨는다. 잡식성이다.
산란기는 4월에서 6월 사이이고 조개의 몸 안에 알을 낳는다. 몸의 길이가 2.5센티미터를 넘게 되면 이미 어미 고기와 같은 형질을 갖추게 된다. 만1년에 4센티미터 안팎으로 크지만 그 뒤는 거의 성장하지 않는다.
서해와 남해로 흐르는 각 하천에 분포하는 우리나라 특산종이다.

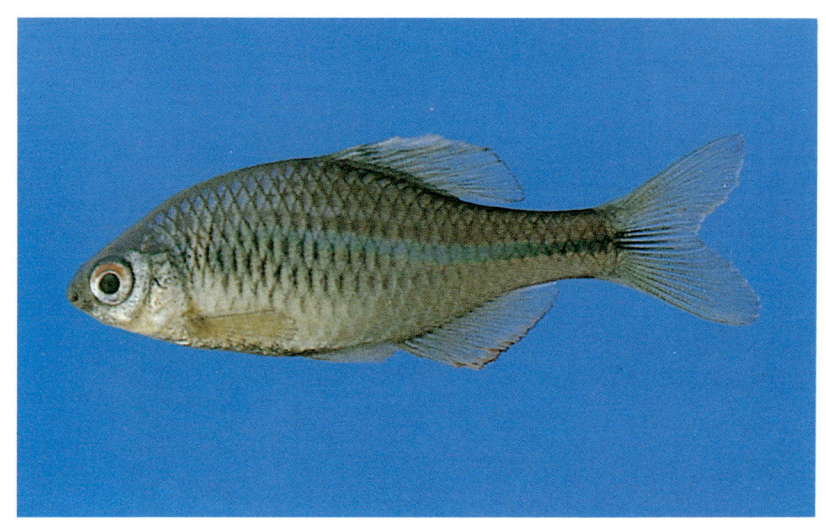

납줄갱이

납줄갱이의 출현 빈도는 0.27퍼센트, 50위로서 순위는 낮지만 납줄개아과에 속하는
종이므로 여기에 소개한다.
몸길이 4센티미터 안팎의 소형종이며 5센티미터 이상은 발견되지 않는다.
각시붕어에 비해서 폭이 더욱 좁다. 입수염은 없고 옆줄은 불완전해서 비늘 4개에만
있다. 등지느러미살과 뒷지느러미살은 각각 9, 10개씩이다.
등은 암갈색이고 배는 담백색이다. 몸의 양측 중앙부를 달리는 청록색 띠는 등지느러
미의 앞에서 시작해서 꼬리지느러미의 기부에 이르기까지 이어진다. 후반부는 끝까지
폭이 넓다. 등지느러미의 앞부분에 1개의 흑갈색 반점이 있지만 성장하면 없어진다.
유속이 완만하고 수초가 우거진 하천이나 수초가 많은 호수 또는 늪에서 산다. 식성
은 수초 등에 붙은 미생물이나 물 속에서 사는 곤충을 잡아먹는 잡식성이다.
산란기는 4월 초에서 8월 초에 이르는 사이이고 성기는 5월에서 7월이다. 조개의
몸 안에 산란을 한다. 알에서 부화한 새끼는 만1년에 2센티미터 안팎으로 성장한다.
3센티미터 이상이면 성숙한다.
서해와 남해로 흐르는 각 하천에 분포하며 중국과 일본에도 분포한다.

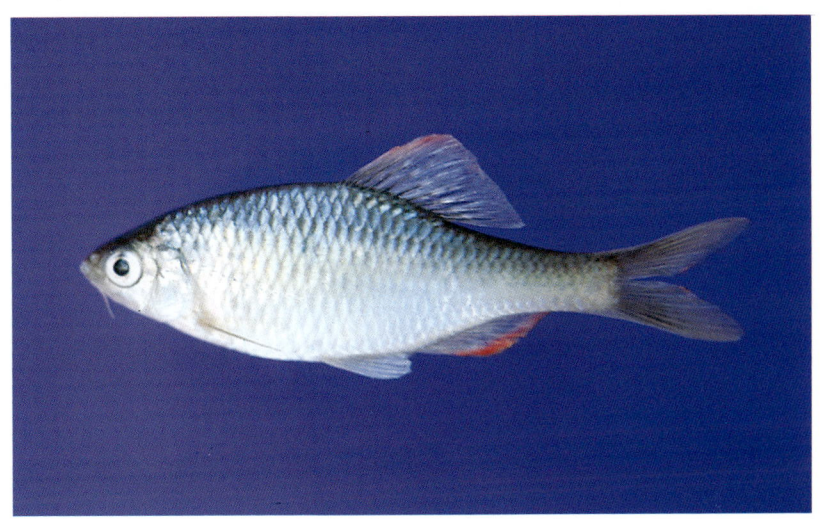

납자루

납자루의 출현 빈도는 0.95퍼센트로 24위이다. 납줄개아과에 속하는 물고기 가운데에서 각시붕어 다음으로 순위가 높다.

납줄개아과의 어류 가운데에서는 중형종에 속한다. 몸의 길이가 9센티미터 정도 되는 것들은 흔하고 때로는 13센티미터 이상 되는 개체도 볼 수 있다.

몸은 길고 옆으로 납작하며 폭이 넓지 않다. 입수염은 한 쌍, 길이가 눈 지름의 2분의 1보다 길다. 옆줄은 완전하고 배 쪽으로 약간 휜다. 등지느러미의 바깥 가장자리는 거의 직선형이다.

등은 청갈색이고 배는 은백색이다. 등지느러미에는 그것을 가로지르는 암갈색 띠가 있으나 다른 지느러미에는 그것이 없다. 수컷의 혼인색은 분홍색이 짙다.

유속이 완만하고 2급수가 흐르는 개울에서 산다. 수초가 우거진 호수나 늪에서도 산다. 잡식성이지만 수초에 붙은 작은 동물을 주식으로 한다.

산란기는 4월에서 6월 사이이고 성기는 5월이며 조개의 몸 안에 산란한다. 알에서 부화한 어린 고기가 2.5센티미터를 넘게 되면 어미 고기와 거의 같은 형질을 갖추게 된다. 만1년에 4 내지 6센티미터, 2년에 8 내지 10센티미터 정도로 성장한다.

남해와 서해로 흐르는 각 하천에서 살며 북한과 일본에도 분포한다.

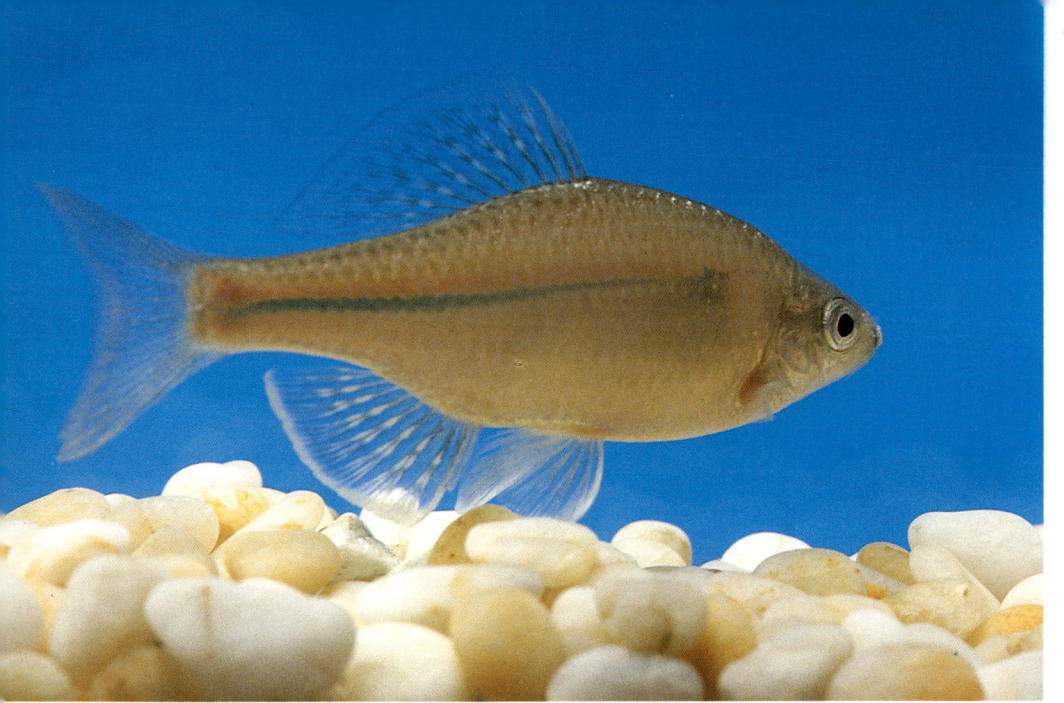

줄납자루

줄납자루의 출현 빈도는 0.86퍼센트로 순위는 27위이다.

몸의 길이가 6 내지 10센티미터 되는 것들은 흔히 볼 수 있고 때로는 15 내지 16센티미터의 개체들도 볼 수 있다.

몸은 길이에 비하여 폭이 좁은 편이다. 입수염은 한 쌍, 길이는 눈의 지름보다 약간 짧다. 옆줄은 완전하고 약간 배 쪽으로 휜다. 등지느러미살과 뒷지느러미살은 각각 8개씩이다.

등은 암색이고 배는 은백색이다. 몸의 양측 중앙부를 달리는 청록색 세로띠는 어깨 부분에 있는 같은 색의 둥근 반점과 연결된다. 그 띠의 등 쪽에는 뚜렷하지 못한 네다섯 줄의 암갈색 세로줄이 있다. 등지느러미와 뒷지느러미에는 그것들을 가로지르는 줄무늬가 네 줄씩 있다.

주로 수초가 우거진 하천의 소에서 살며 식성은 잡식성이다.

산란기는 4월에서 6월 사이이고 성기는 5월이다. 조개의 몸 안에 알을 낳는다. 어린 새끼는 9밀리미터 안팎으로 성장했을 때에 조개에서 탈출한다. 5센티미터를 넘으면 어미 고기와 거의 같은 형질을 갖추게 된다. 만1년에 4, 5센티미터, 2년에 5.5 내지 7.5센티미터, 3년에 8센티미터 안팎으로 성장한다.

서해와 남해로 흐르는 하천에 분포하는 우리나라의 특산종이다.

칼납자루

칼납자루의 출현 빈도는 0.61퍼센트로 28위이다. 납줄개아과의 어류 가운데에서는 입수하기가 비교적 쉬운 종이다.

몸의 길이가 6 내지 8센티미터 되는 개체들은 흔히 볼 수 있으나 10센티미터 이상은 드물다. 몸의 생김새는 묵납자루와 아주 닮아 구별하기 힘들다.

입수염은 한 쌍, 길이는 눈의 지름의 3분의 2정도이다. 옆줄은 완전하고 배 쪽으로 약간 휘었다. 등지느러미의 바깥 가장자리는 밖으로 굽으며 뒷지느러미는 장방형에 가깝다.

몸색은 암갈색, 등이 짙고 배가 연하다. 등지느러미는 기부가 암색, 바깥쪽은 폭이 넓은 백색 띠이다. 뒷지느러미는 기부로부터 바깥쪽으로 담암백색·담백·흑색 띠로 이어진다.

하천의 중하류에 살면서 수초가 많은 곳에서 중하층을 헤엄친다. 물 속에 사는 곤충이나 수초 등에 붙은 미생물을 주식으로 하는 잡식성이다.

산란기는 5, 6월이고 조개의 몸 안에 알을 낳는다. 알에서 깨어난 새끼 고기가 2센티미터를 넘게 되면 어미 고기와 같은 형질을 갖추게 된다. 만1년에 4, 5센티미터, 2년에 6, 7센티미터, 3년에 8센티미터 정도로 성장한다.

서해와 남해로 흐르는 각 하천에 분포하는 한국 특산종이다.

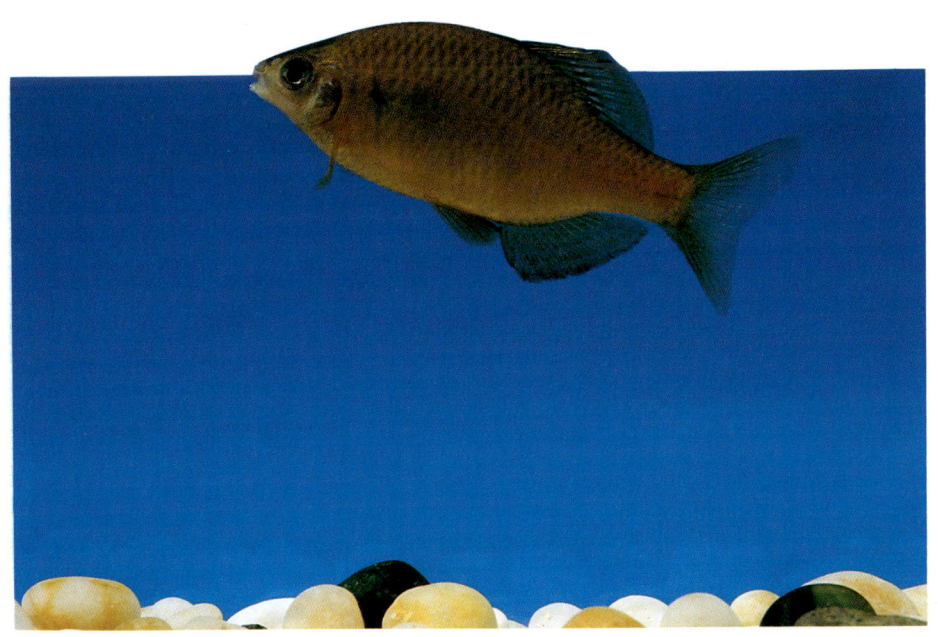

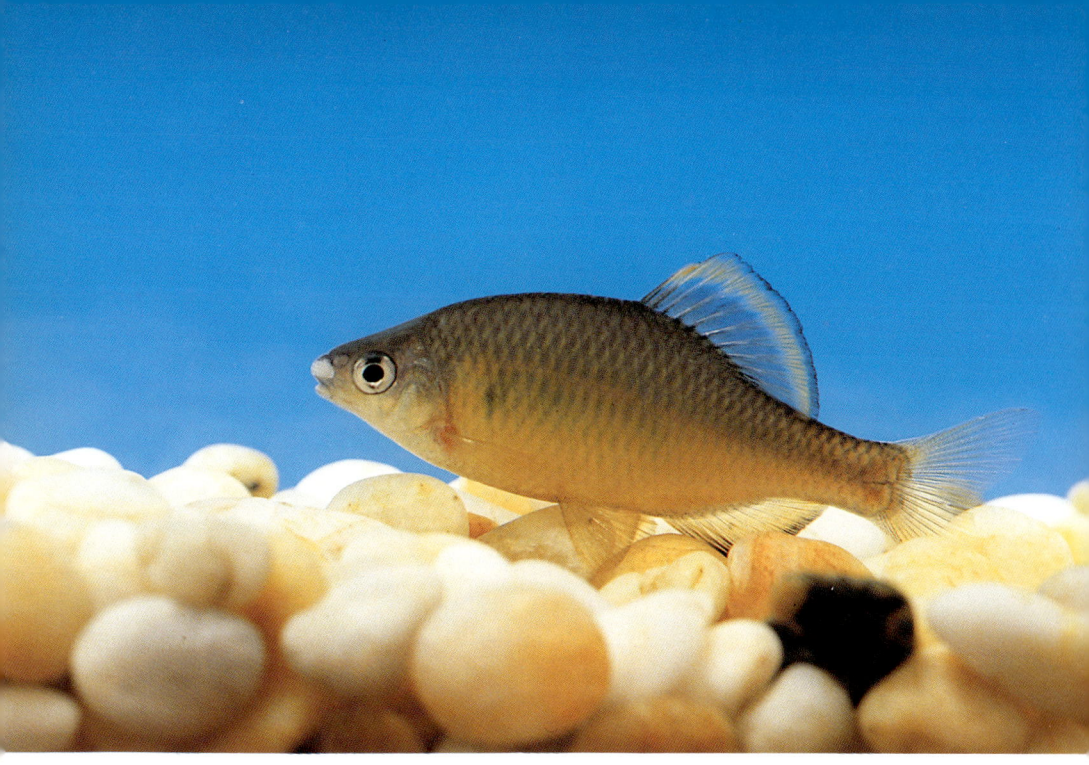

묵납자루

묵납자루는 출현 빈도가 0.14퍼센트밖에 되지 않아 순위가 50위 밖으로 떨어진다. 그러나 강원도, 경기도, 충북의 일부에서는 입수하기가 비교적 쉽다.

몸길이가 6, 7센티미터의 개체들은 흔하지만 10센티미터 이상은 발견되지 않는다. 칼납자루와 생김새가 흡사하다. 비늘은 커서 옆줄의 비늘수는 37개를 넘지 못하고 입수염은 눈의 지름보다 약간 짧다. 옆줄은 완전하고 중앙부에서 배 쪽으로 약간 휜다. 등지느러미는 칼납자루에서와 같이 밖으로 휘지만 뒷지느러미는 삼각형에 가까워서 칼납자루의 경우와 다르다.

몸색은 암갈색, 등이 짙고 배 쪽이 연하다. 등지느러미는 암컷에서는 고르게 암색이지만 수컷에서는 기부 쪽의 반은 흑갈색이고 폭넓은 담백색 띠, 좁은 흑갈색 띠로 이어진다. 뒷지느러미는 밖으로 갈수록 색이 짙어진다.

수심이 얕고 유속이 완만하며, 수초가 우거진 곳에서 살며 식성은 잡식성이다.

산란기는 5, 6월, 조개의 몸 안에 산란한다. 알에서 깨어난 새끼는 4센티미터를 넘으면 어미 고기와 같은 형질을 갖추게 된다. 만1년에 4센티미터 안팎, 2년에 5, 6센티미터, 3년에 6.5 내지 7.5센티미터로 성장한다.

한강 이북에 분포하는 우리나라 특산종이다.

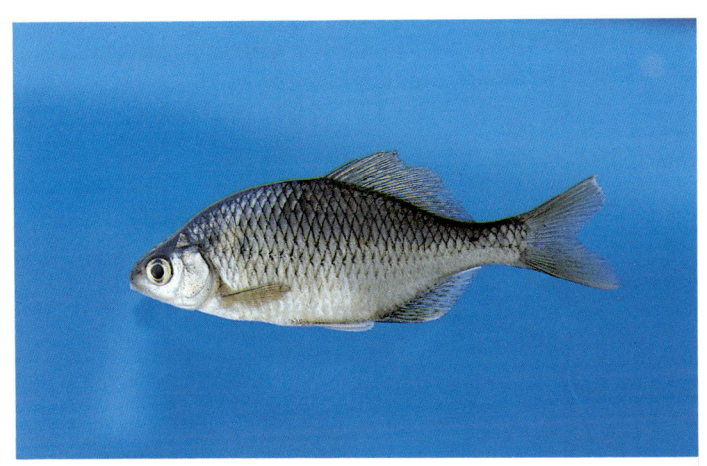

큰납지리

큰납지리의 출현 빈도는 0.78퍼센트, 순위는 26위이다.

몸의 길이가 6 내지 10센티미터 정도의 개체들은 흔하고 때로는 18 내지 20센티미터 정도의 개체들도 발견된다. 납줄개아과에 속하는 종 가운데에서는 가장 큰 종이다. 몸의 길이에 비해서 폭이 대단히 크다. 입은 작고 입수염은 흔적적이어서 찾기가 힘들다. 옆줄은 완전하고 중앙부에서 약간 배 쪽으로 휜다. 등지느러미살은 17 내지 19개이고 뒷지느러미살은 12 내지 15개이다.

등은 녹갈색이고 배는 은백색이다. 어깨 부분에 눈 크기의 암반점이 둘 있다. 등지느러미와 뒷지느러미에는 그것들을 가로지르는 암색 띠가 있다.

유속이 완만한 하천의 소나 수초가 우거진 호수와 늪에서 살며 식성은 잡식성이다. 산란기는 4월에서 6월 사이이고 성기는 5월이다. 조개의 몸 안에 산란한다. 알에서 부화한 새끼 고기가 8밀리미터가 되었을 때 조개에서 탈출한다. 6센티미터를 넘으면 성어와 거의 같은 형질을 갖추게 된다. 만1년에 6 내지 6.5센티미터, 만2년에 7.6센티미터, 3년에 9.5센티미터, 4년에 14.5센티미터, 5년에 18센티미터까지 성장한다.

서해와 남해로 흐르는 하천에 분포하며 북한과 중국에도 분포한다.

꺽지

꺽지의 출현 빈도는 1.02퍼센트, 순위는 23위이다. 지역에 따라 차이가 있기는 하지만 적어도 흔한 종은 아니다.

몸의 길이가 15 내지 20센티미터 정도의 개체들은 흔하지만 30센티미터 이상은 드물다.

붕어처럼 몸은 옆으로 납작하지만 폭이 넓다. 비늘은 배 쪽으로 갈수록 작고 뺨과 아감덮개에도 있다. 입과 눈이 크며 아래턱이 위턱보다 약간 길다. 옆줄은 완전하고 꼬리지느러미의 바깥쪽 가장자리는 둥글고 앞아감덮개의 뒤쪽 가장자리에는 톱니가 있다.

몸의 바탕은 회갈색이지만 등이 짙고 배가 연하다. 아감덮개 위에는 눈과 유사한 청록색 무늬가 있어 매우 특징적이다. 몸의 양측에는 흑색 가로무늬가 7, 8개 있다.

하천의 상류, 2급수가 흐르는 곳에서 산다. 돌 밑에 잘 숨으며 육식성이고, 새우나 곤충 등을 잡아먹는다.

산란기는 5, 6월이고 돌 밑에 외겹으로 알을 붙인다. 어린 꺽지가 8센티미터 정도로 성장하면 어미 꺽지와 거의 같은 형질을 갖추게 된다. 만1년에 6 내지 8센티미터, 2년에 10 내지 14센티미터까지 성장한다.

서해와 남해로 흐르는 각 하천의 상류 구역에서 사는 한국 특산종이며 북한에도 분포한다.

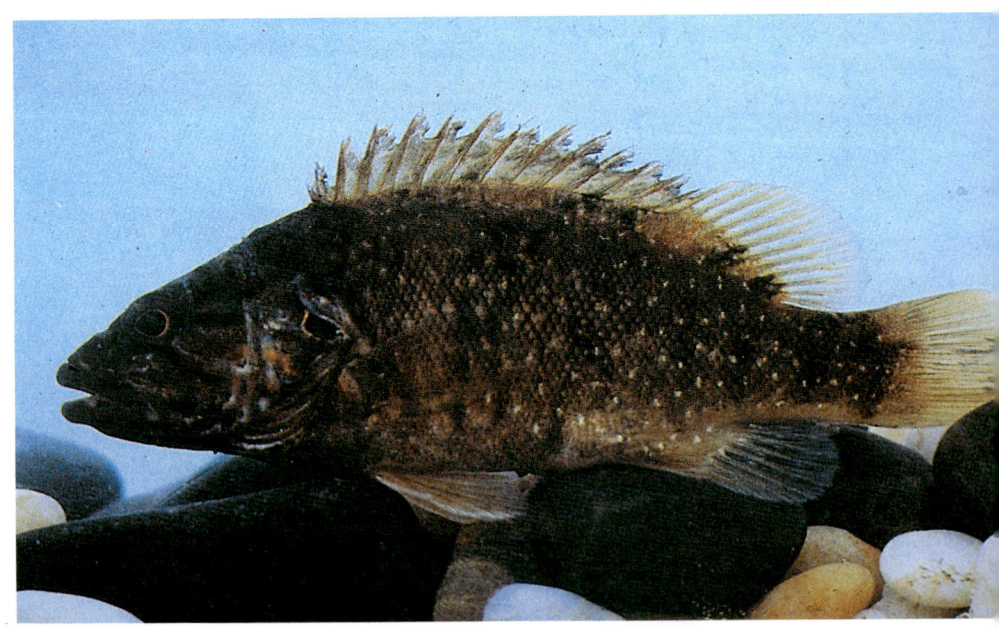

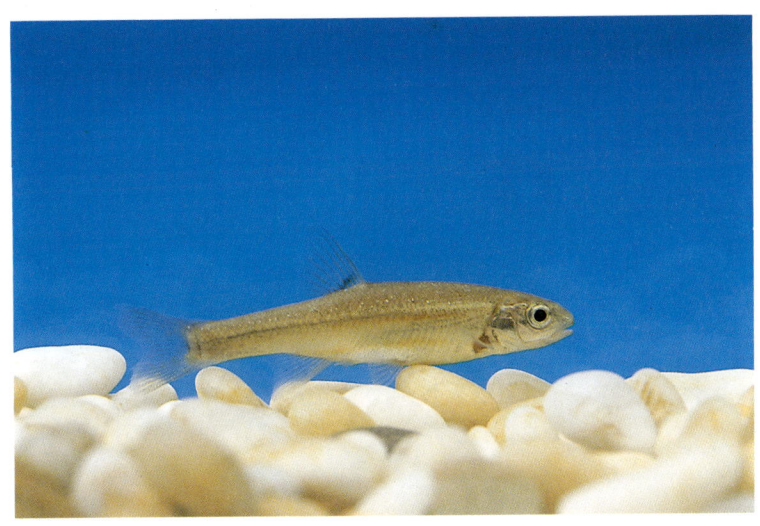

금강모치

금강모치의 출현 빈도는 0.57퍼센트, 순위는 30위이다.

소형종으로 몸의 길이가 7, 8센티미터 되는 개체들은 흔하지만 10센티미터 이상은 매우 드물다.

몸은 가늘고 길다. 주둥이는 길고 뾰족하며 눈은 비교적 크다. 등지느러미의 바깥 가장자리는 직선형이고 꼬리지느러미는 깊이 갈라진다.

등은 황갈색이고 배는 은백색이다. 살아 있을 때는 몸의 양측에 두 줄씩의 주황색 세로띠가 있다. 등지느러미의 기부는 백색이고 그 바로 뒤에 흑색 반점이 있다.

물이 맑고 차며 한여름에도 수온이 섭씨 20도 이상으로 올라가지 않는 물에서 산다. 그런 물은 깊은 산속에서만 볼 수 있다. 물의 중층을 헤엄치면서 물 속에 사는 곤충이나 새우 무리 등을 잡아먹는다.

산란기는 4, 5월이며, 만1년이 되면 5센티미터 안팎, 2년에 7, 8센티미터로 성장하는 것으로 추정된다.

한강 수계와 무주 구천동에 분포하는 한국 특산종으로 북한에도 분포한다.

금강모치가 우점종으로 존재하는 경우가 많다.

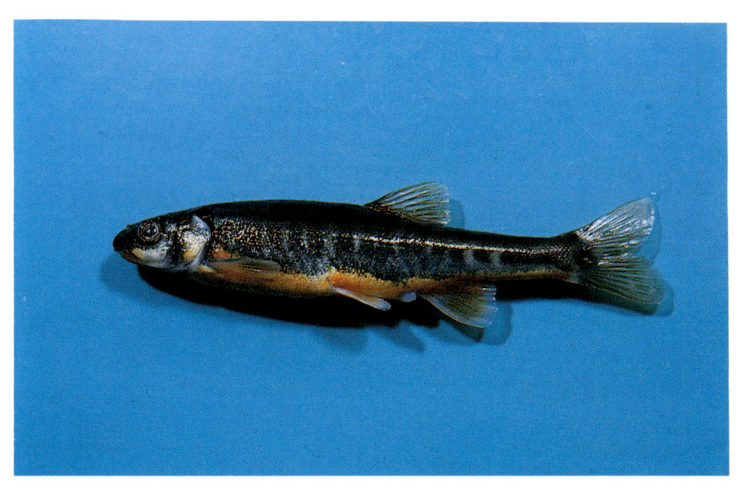

연준모치

연준모치의 출현 빈도는 0.10퍼센트로 순위는 50위에서 훨씬 벗어나지만 금강모치나 버들개, 버들치 등과 가까운 종이다.

소형종으로 몸의 길이가 6 내지 8센티미터 되는 것들은 흔하지만 9센티미터를 넘는 것은 드물다.

몸은 가늘고 길며 옆으로 납작하다. 비늘은 잘고 얇으며 벗겨지기 쉽다. 주둥이는 뾰족하고 입수염이 없으며 옆줄은 불완전하다. 등지느러미살과 뒷지느러미살은 각각 7개씩이고 꼬리지느러미는 깊이 갈라진다.

등은 녹갈색 또는 자주 갈색이고 배는 은백색이다. 눈동자는 은백색이나 황금색으로 빛난다. 몸의 양측에는 15개 정도의 암색 가로무늬가 불규칙하게 배열되어 있고 암색의 세로띠도 있다. 배와 지느러미는 분홍색을 띠기도 한다.

주로 물이 맑고 차며 바닥에 자갈이 깔려 있는 여울에서 산다. 항상 떼지어 활발히 헤엄치고 놀라면 흩어졌다가 바로 다시 모여든다. 식성은 잡식성이다.

산란기는 5월에서 8월 사이로 추정되며 모래나 자갈 또는 식물의 줄기 등에 산란한다. 몸의 길이가 5센티미터를 넘게 되면 성어와 거의 같은 형질을 갖추게 된다.

강원도 일부에 분포하며 북한, 중국, 러시아, 유럽 등에도 분포한다.

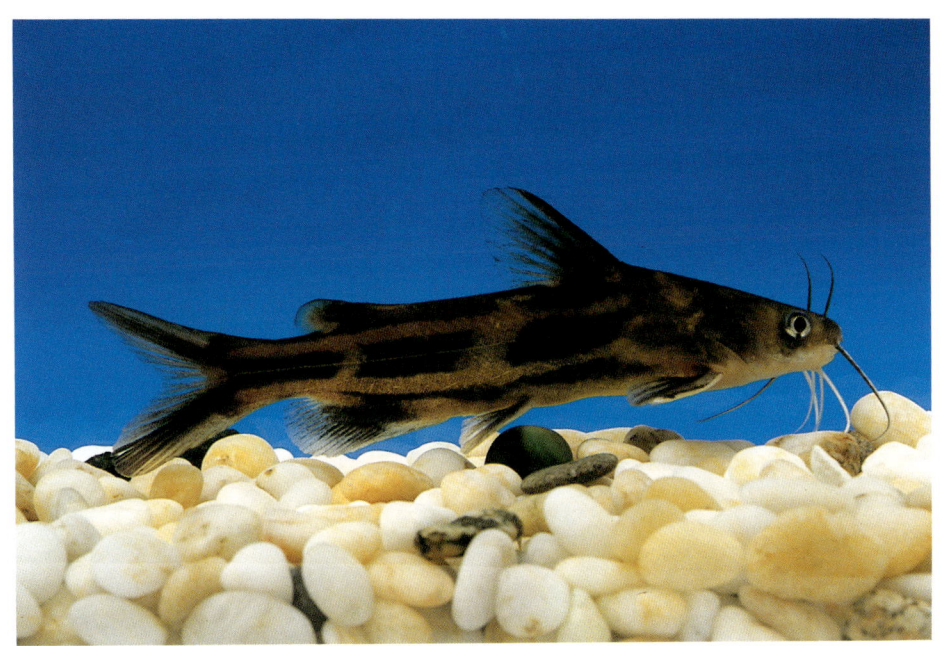

동자개

동자개의 출현 빈도는 0.53퍼센트로 순위는 33위이지만 일반에게 빠가사리나 황빠가로 잘 알려진 종이다.

몸의 길이가 10 내지 20센티미터의 것들은 흔하지만 25센티미터 이상은 드물다. 몸은 길고 등지느러미보다 앞부분은 위아래로, 뒷부분은 옆으로 납작하다. 머리뼈를 덮고 있는 피부는 얇아서 뼈가 노출되어 있는 것처럼 보이며 비늘은 없다. 입수염은 네 쌍, 가장 긴 위턱의 수염은 눈의 지름의 2.5배쯤 된다. 옆줄은 완전하고 꼬리지느러미는 둘로 깊이 갈라진다. 가슴지느러미가시는 강대하고 안팎에 톱니가 있으며 또한 기름지느러미도 있다.

몸은 바탕이 노랗고 사진에서와 같이 암갈색의 반문이 있다.

유속이 완만하고 바닥에 모래나 해감이 깔려 있는 곳에서 산다. 낮에는 숨고 밤에 활동을 한다. 수질 오염에 대한 적응력이 강하다. 육식성이고 가슴지느러미가시를 뒤로 젖히면서 "삐걱삐걱" 하는 소리를 내며 가시로 사람을 쏜다.

산란기는 5, 6월이며 만1년에 5 내지 7센티미터, 2년에 10 내지 12센티미터, 3년에 15 내지 17센티미터로 성장한다.

서해와 남해로 흐르는 각 하천에 분포하며 북한과 중국에도 분포한다.

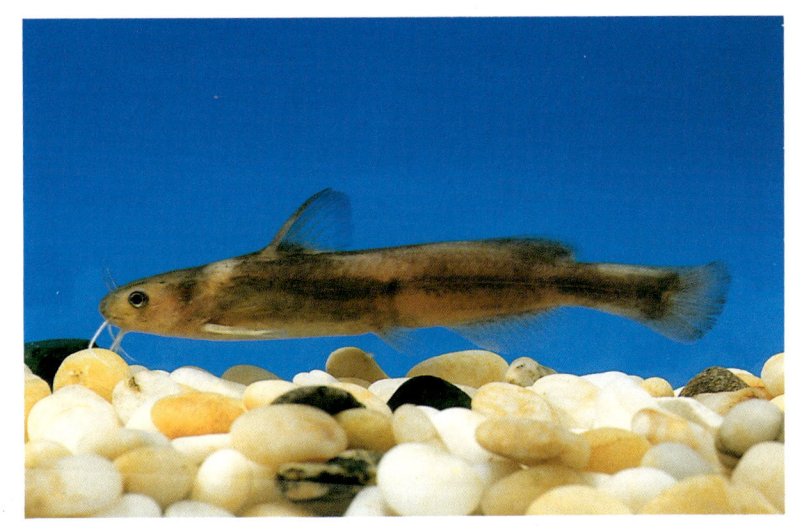

눈동자개

눈동자개의 출현 빈도는 0.32퍼센트로 순위는 46위이다. 일반에게는 당자개, 명태자개, 빠가사리, 쏘가사리 등으로 알려진 종이다.

몸의 길이가 10 내지 20센티미터의 개체들은 흔하지만 30센티미터 이상은 발견되지 않는다.

동자개에 비하면 가늘고 길며, 머리의 등 쪽은 피부로 덮여 있어서 뼈가 노출되지 않는다. 입수염은 네 쌍, 위턱에 달린 가장 긴 입수염은 머리의 후반부를 넘는다. 아래턱이 위턱보다 짧고 옆줄은 완전하다. 가슴지느러미가시는 안팎에 톱니가 있지만 꼬리지느러미는 얕게 갈라진다.

몸은 회갈색이며 등은 색이 짙고 지느러미들도 연한 회갈색이다.

바닥에 진흙, 모래 또는 자갈이 깔려 있는 곳에서 살며 식성은 육식성이다.

산란기는 5, 6월이며 이 시기에 여러 마리가 떼지어 한 곳으로 모여든다. 바닥에 굴을 파고 알을 낳는다. 부화된 어린 새끼가 4센티미터를 넘으면 어미 고기와 거의 같은 형질을 갖추게 된다. 만1년에 6 내지 8센티미터, 2년에 10 내지 12센티미터, 3년에 15 내지 17센티미터로 성장한다.

주로 서남해로 흐르는 각 하천에 분포하는 한국 특산종이다.

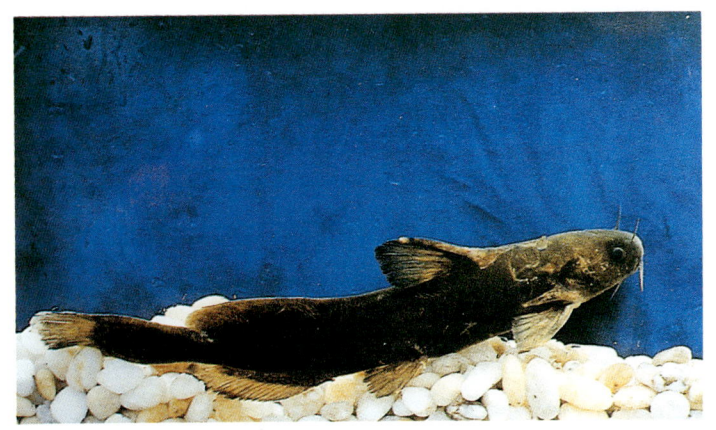

대농갱이

대농갱이의 출현 빈도는 0.17퍼센트로 순위 50위에서 벗어나지만 일반에게는 그렇치, 명태자개미, 칠거리, 쇠칠거리 등으로 비교적 잘 알려진 종이다.

몸의 길이가 15 내지 30센티미터의 것들은 흔히 볼 수 있고, 때로는 50센티미터를 넘는 개체도 볼 수 있다.

눈동자개와 비슷해서 혼동하는 사람이 많다. 몸은 가늘고 길며 비늘이 없다. 머리뼈가 피부로 덮여서 뼈가 노출되지 않으며 입수염 네 쌍은 모두 비교적 짧다. 가슴지느러미가시는 강대하지만 바깥쪽에는 톱니가 없다. 꼬리지느러미는 얕게 갈라진다.

몸의 바탕은 암황갈색이고 등이 배보다 짙은 색이다.

비교적 물이 맑은 곳에서 살며 육식성이다.

산란기는 5, 6월로 추정된다. 알에서 부화한 새끼 고기가 3센티미터를 넘게 되면 어미 고기와 거의 같은 형질을 갖추게 되지만 가슴지느러미 안쪽의 톱니는 5개 정도 뿐이다. 만1년에 8 내지 10센티미터, 2년에 14 내지 16센티미터, 3년에 20센티미터 안팎으로 성장한다.

한강과 금강에 분포하며 북한, 중국, 러시아 등에도 분포한다.

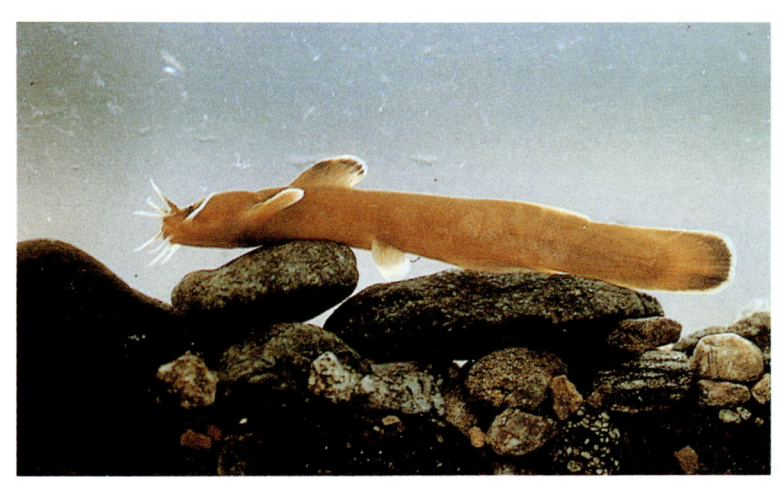

퉁가리

퉁가리의 출현 빈도는 0.50퍼센트로 순위는 36위이다. 그러나 한강 유역에 사는 사람에게는 비교적 잘 알려진 종이다.

몸의 길이가 10센티미터 정도의 개체들은 흔하지만 13센티미터 이상은 발견되지 않는다. 대농갱이나 눈동자개의 경우와 같이 머리는 위아래로, 후반부는 옆으로 심하게 납작하다. 비늘이 없고 입수염은 네 쌍이다. 두 쌍은 머리의 길이와 거의 같으나 다른 두 쌍은 그보다 짧다. 눈은 작고 얇은 피막에 덮여 있고 위턱과 아래턱은 거의 같다. 옆줄은 없거나 흔적이다. 가슴지느러미가시의 안쪽에 1 내지 3개의 톱니가 있다. 기름지느러미는 길고, 꼬리지느러미와 연결된다.

몸은 주황색이고 등이 짙으며 배가 연하다. 각 지느러미는 황백색으로 테를 두른다. 하천의 중상류, 물이 맑고 자갈이 깔린 여울에서 산다. 돌 밑에 잘 숨고, 주로 밤에 활동을 한다. 물 속에 사는 곤충을 주식으로 한다.

산란기는 5, 6월이다. 몸의 길이가 4센티미터를 넘게 되면 어미 고기와 거의 같은 형질을 갖추게 된다. 만1년에 4 내지 6센티미터, 2년에 7 내지 10센티미터 정도로 성장한다.

금강보다 북쪽에 분포하는 한국 특산종이며 북한에도 분포한다.

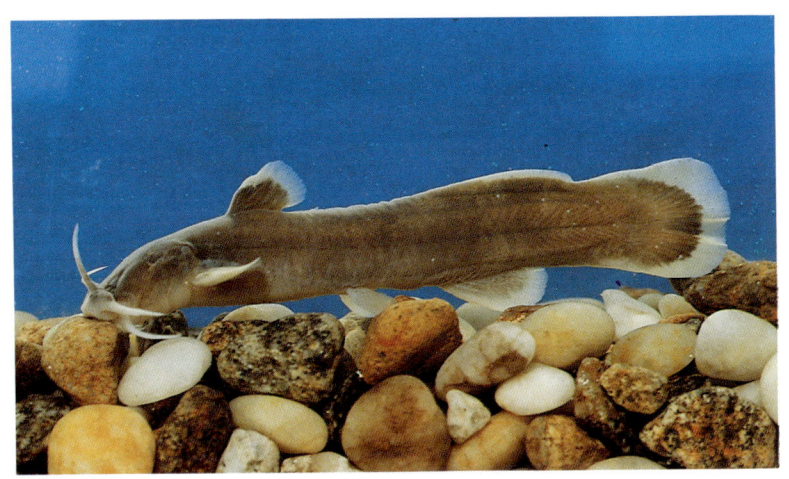

자가사리

자가사리의 출현 빈도는 0.43퍼센트로 순위는 42위이지만 퉁가리와 함께 일반에게는 비교적 잘 알려진 종이다.

몸의 길이가 10센티미터 안팎의 개체들은 흔하지만 14센티미터 이상은 발견되지 않는다.

퉁가리와 흡사해서 두 종을 혼동하는 사람이 많다. 따라서 두 종을 다 같이 쏠종개, 알가리, 탱가리, 텡가리, 퉁가리, 텅버리 등으로 부르고 있다. 실제로 몸 전체의 생긴 모양, 비늘이 없는 것, 입이 넓은 것, 수염이 네 쌍 있는 것, 눈이 피막으로 덮인 것, 옆줄이 불완전하거나 없는 것, 가슴지느러미가시와 등지느러미가시가 피부 속에 묻혀 있는 것, 기름지느러미가 꼬리지느러미와 연결되어 있는 것 등은 두 종이 완전히 같다. 그러나 아래턱이 위턱보다 짧고 가슴지느러미가시 안쪽의 돌기가 4 내지 6개 있는 것은 다른 점이다.

몸색이 주황색이어서 색채로 두 종을 구별하는 것은 불가능하다. 다만 섬진강과 탐진 강에서 사는 자가사리는 꼬리지느러미의 기부에 초승달 모양의 황백색 무늬가 있다. 주로 물이 맑고 바닥에 자갈이 깔린 여울에 살면서 육식을 한다.

산란기는 5, 6월이고 만1년에 4 내지 6센티미터, 2년에 7 내지 11센티미터, 3년에 12 내지 13센티미터로 성장한다.

주로 금강 이남에 분포하는 우리나라 특산종이다.

메기

메기는 출현 빈도 0.36퍼센트로 순위는 45위이지만 일반에게 아주 잘 알려진 종이다. 몸의 길이가 30 내지 50센티미터 정도의 개체들은 흔하고 때로는 1미터 이상 되는 개체도 볼 수 있다.

몸은 길고 몸통은 원통형이지만 후반부는 옆으로 납작하다. 비늘이 없고 입은 크다. 입수염은 두 쌍, 눈 앞에 달린 한 쌍은 가슴지느러미에 닿는다. 눈은 작고 두 눈 사이는 매우 넓다. 아래턱이 위턱보다 길며 옆줄은 완전하고 가슴지느러미가시는 바깥쪽에 톱니가 있다. 등지느러미는 작고 길이가 눈의 지름의 3, 4배이며 뒷지느러미는 길어서 몸길이의 반 이상이고 꼬리지느러미와 연결된다.

몸색은 암갈색 내지 녹황갈색이지만 사는 곳에 따라 변이가 심하다.

호수나 늪, 유속이 완만하고 바닥에 해감이 깔린 곳에서 산다. 수질 오염에 대한 적응력이 강하며 낮에는 숨고 주로 밤에 활동을 한다. 육식성이고 탐식성이다.

산란기는 5월에서 7월 사이이고 어렸을 때는 입수염이 세 쌍이지만 7센티미터를 넘으면 아래턱의 한 쌍은 없어진다.

거의 전국적으로 분포하며 북한, 중국, 일본 등에도 분포한다.

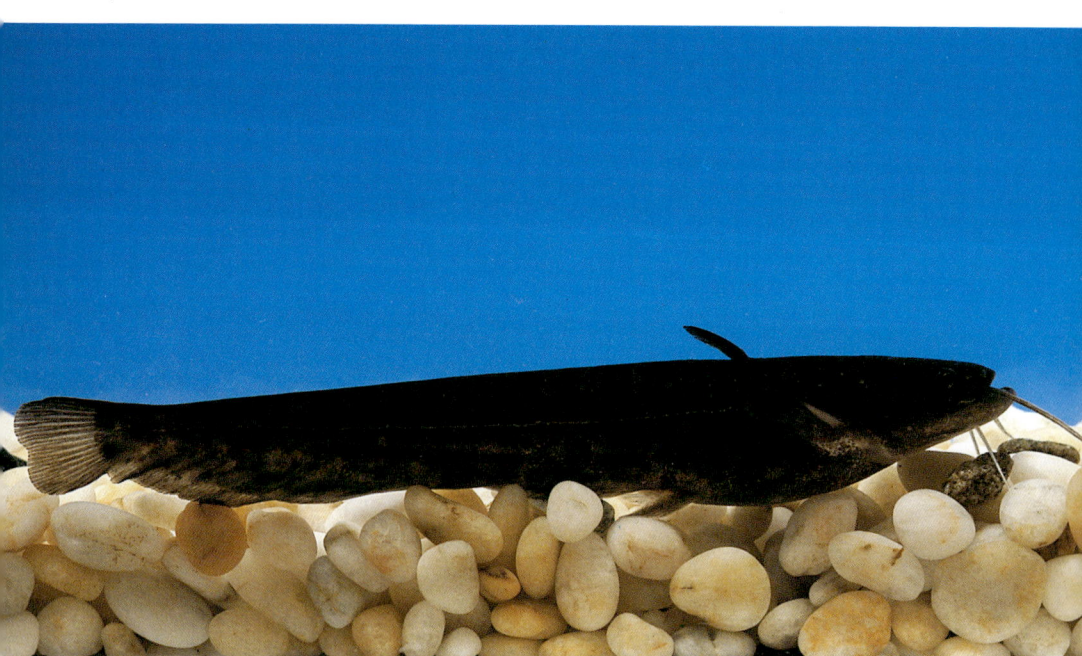

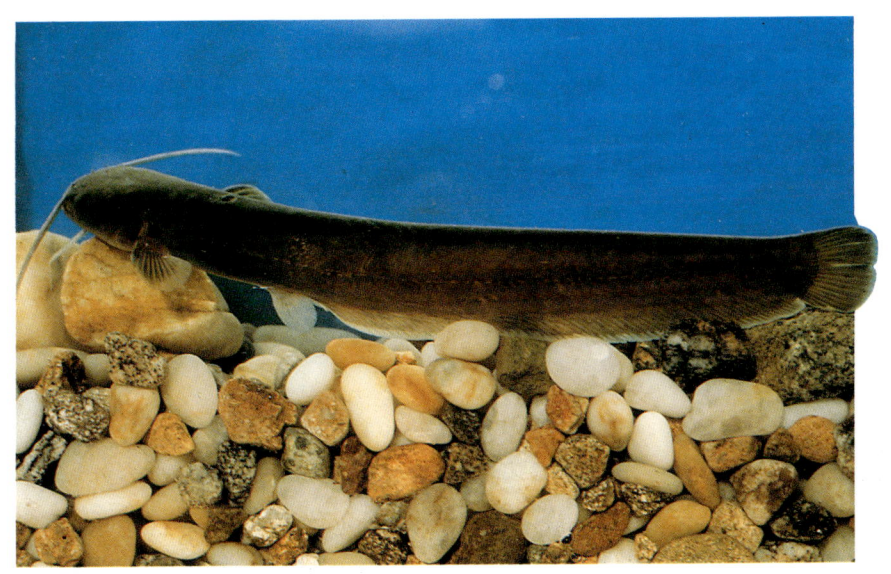

미유기

미유기의 출현 빈도는 0.14퍼센트로 50위에서 벗어난다. 메기라고 부르는 사람들도 적지 않으나 갈메기, 깔딱메기, 꼬랑메기, 버들메기, 산골메기라고 부르면서 구별하는 사람들도 많다.

몸의 길이가 15 내지 25센티미터의 개체들은 흔히 볼 수 있지만 40센티미터 이상은 발견되지 않는다.

메기에 비하면 몸이 가늘고 길며 날씬하다. 입수염은 두 쌍, 메기의 경우와 마찬가지로 눈 앞에 달린 한 쌍은 가슴지느러미의 약 3분의 2에 달한다. 다른 한 쌍은 짧아서 긴 것의 반도 못된다. 등지느러미는 메기의 그것에 비하면 훨씬 작아서 살은 3개이고 길이는 눈의 지름보다 약간 길다.

몸은 암청갈색이고 등이 진하며 배 쪽이 연하다. 메기의 경우처럼 변이가 심하지는 않다.

메기와 함께 발견되는 수도 있으나 보통은 2급수에서 산다. 물이 맑고 바닥에 자갈이 깔린 하천의 중상류에서 많이 볼 수 있다. 육식성이고 어린 물고기와 곤충을 주식으로 한다.

산란기는 5, 6월로 추정되며, 5센티미터를 넘으면 입수염을 두 쌍만 갖게 된다.

서해와 남해로 흐르는 각 하천의 상류에 사는 우리나라 특산종으로 북한에도 분포하고 있다.

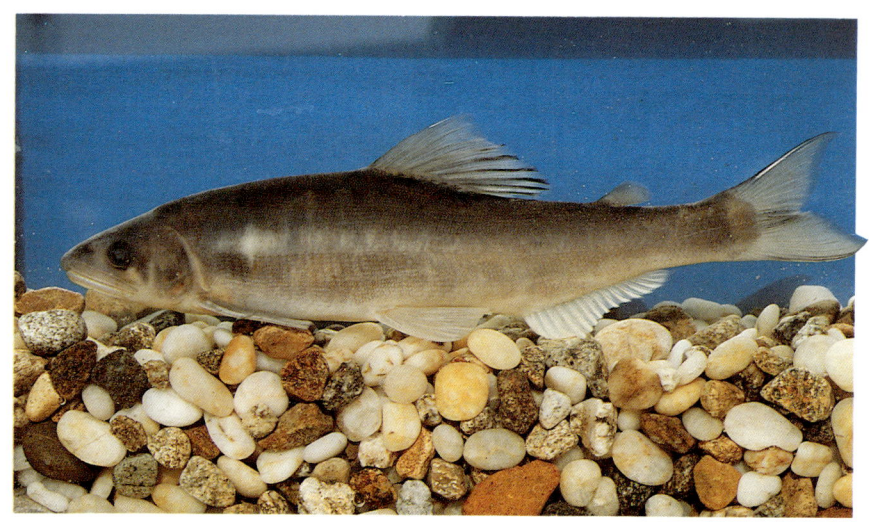

은어

은어의 출현 빈도는 0.32퍼센트로 순위는 47위이지만 일반에게 잘 알려진 종이다.
8, 9월에 몸의 길이가 20센티미터 안팎의 개체들은 흔히 볼 수 있으나 30센티미터
이상은 드물다.

몸은 날씬하고 길며 옆으로 납작하다. 아래턱과 위턱은 곧고 이는 빗살 모양으로
배열된다. 옆줄은 완전하고 직선형이다. 기름지느러미가 있고 꼬리지느러미는 둘로
갈라진다.

등은 푸른 황록색이고, 배는 선명한 은백색이다. 윗입술과 아랫입술은 선명한 은백색
이다. 가슴지느러미의 등 쪽에는 노란색 무늬가 있다.

알에서 부화한 어린 은어는 바로 바다로 들어가서 연안에서 겨울을 나면서 성장한
다. 3, 4월에 5, 6센티미터 정도의 어린 은어들이 강을 거슬러 올라간다.

물이 맑고 바닥에 자갈이 깔린 하천의 중류에 이르렀을 때, 1평방미터의 세력권을
형성하고 텃세를 한다. 돌에 붙은 돌말이나 파랑말 등을 주식으로 한다.

산란기는 9, 10월이고 이때 수컷은 혼인색으로 곱게 물든다. 산란장은 하구에 가까운
모래나 자갈밭이다.

거의 전국적으로 분포하며 중국과 일본에도 분포한다.

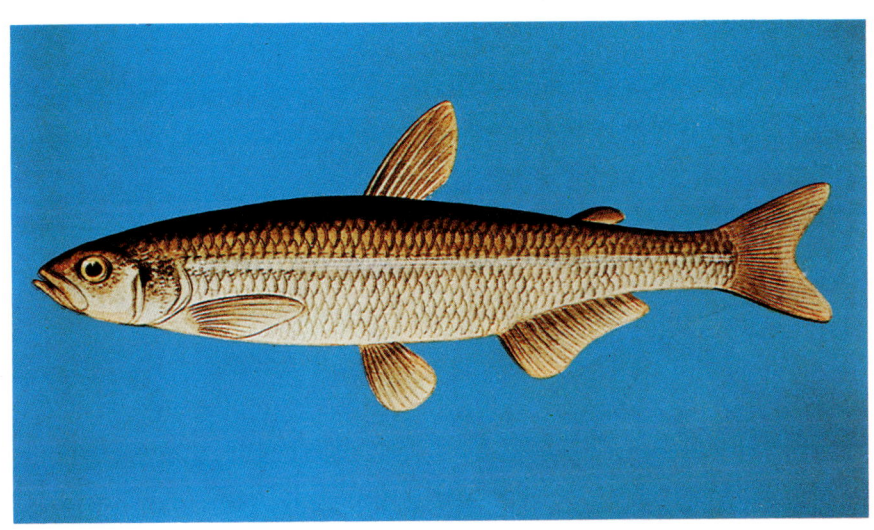

빙어

빙어의 출현 빈도는 0.11퍼센트로 순위는 50위에서 훨씬 떨어진다. 1920년 이전에는 휴전선 이남에서 거의 알려지지 못했던 종이다. 그러나 최근에는 저수지에서 양식하는 곳이 많아서 아는 사람이 많다.

소형종이어서 몸의 길이가 10센티미터 안팎이고 큰 것도 18센티미터를 넘지는 못한다.

몸은 가늘고 길며 옆으로 납작하다. 입은 작고 위턱은 폭이 넓어서 아래턱의 일부를 덮는다. 옆줄은 완전하며 기름지느러미가 있고 뒷지느러미는 길어서 살이 12 내지 18개나 된다. 꼬리지느러미는 끝이 둘로 갈라진다.

등은 황갈색이고 배는 희며 몸의 양측 중앙부에 은백색 세로띠가 있다.

저수지에서 살면서 주로 낮에 활동한다. 동물성 플랑크톤이나 공중에서 떨어지는 곤충, 어린 물고기들을 잡아먹는다. 물의 혼탁, 염분과 수온의 변화 등에 대한 적응력이 강하기는 하나 원래 냉수성 어류여서 여름에는 깊은 곳으로 내려간다.

산란기는 3, 4월이며 수온이 섭씨 6도 안팎일 때이다. 만1년에 8, 9센티미터로 성장한다.

전국 각지의 저수지에서 양식하며 북한, 중국, 러시아 등에도 분포한다.

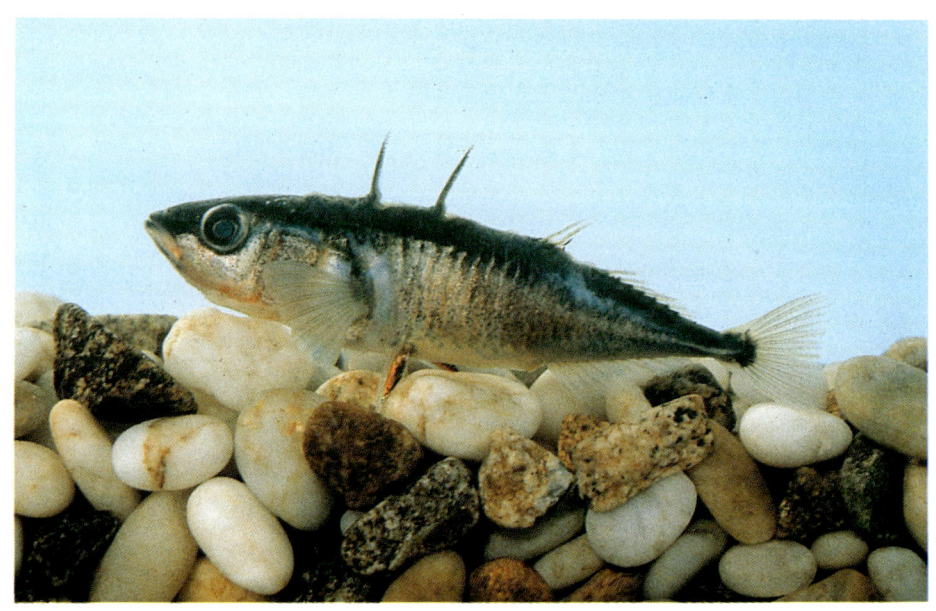

큰가시고기

큰가시고기의 출현 빈도는 0.21퍼센트로 순위가 50위에는 미치지 못하지만 국부적으로는 생산량이 많고 그것에 따르는 피해가 커서 비교적 잘 알려지게 되었다.

몸의 길이가 7, 8센티미터 되는 것들은 흔하지만 10센티미터 이상은 발견되지 않는다.

몸은 방추형이고 옆으로 납작하며 꼬리는 가늘다. 몸 양측에는 18 내지 35개의 비늘판이 있다. 아래턱이 위턱보다 길며 옆줄은 완전하다. 배지느러미에는 1개씩의 가시가 있고 등지느러미에는 3개가 따로 떨어져 있다. 뒷지느러미에도 가시가 하나 있어서 '육침고기'라고 부르기도 한다.

몸은 황갈색이고 금속 광택이 난다. 산란기의 수컷은 눈이 파랗고 등은 청색을 띠며 목에서 배까지는 선명한 분홍색이다. 암컷은 목이 분홍색이고, 몸통은 은백색의 광택이 있다.

이른봄 바다에서 개울로 밀려오며 바닥에 모래나 해감이 깔려 있고 수초가 있는 곳을 산란장으로 택한다. 식성은 육식성이다.

산란기는 5, 6월이며 수컷이 둥지를 짓고 암컷을 유인해 와서 알을 낳게 한다. 새끼는 바다에 가서 성장한다.

주로 남부와 동부의 각 하천에 나타나며 북한, 중국, 일본, 유럽 등에도 분포한다.

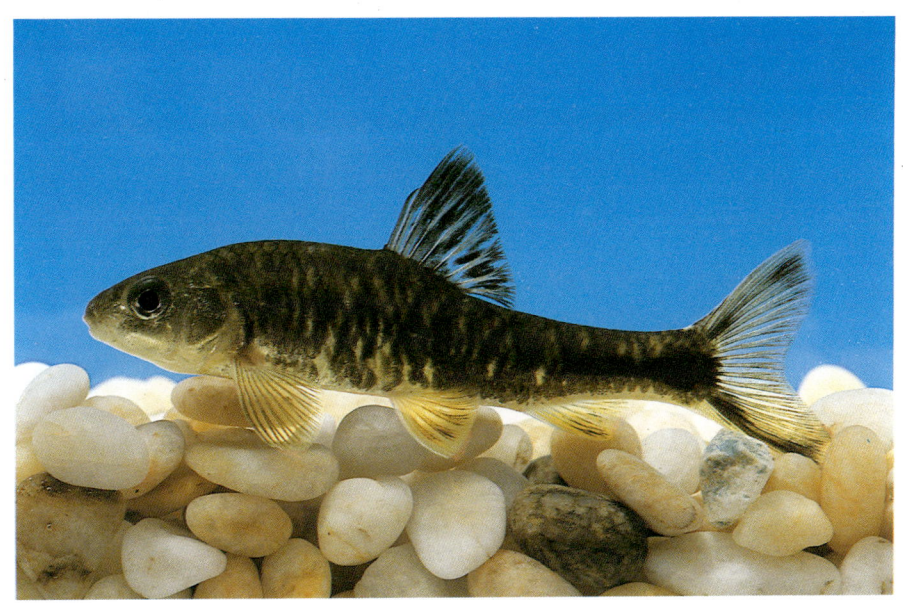

중고기

중고기의 출현 빈도는 0.18퍼센트로 50위 안에는 들지 못하지만 가정 수족관에서 흔히 볼 수 있는 종이다.

몸의 길이가 10센티미터 안팎의 개체들은 흔하지만 15센티미터 이상의 것은 매우 드물다.

몸의 생김새는 피라미와 비슷하여 머리에서 꼬리까지 옆으로 납작하다. 입은 주둥이 의 밑에 있고 말굽 모양이며 입수염이 한 쌍 있으나 미세해서 보기 힘들다. 옆줄은 완전하고 거의 직선형이다. 등지느러미가 배지느러미보다 앞에 있다.

등은 녹갈색이고 배는 은백색이다. 몸 양측의 중앙부에는 암색 세로띠가 있으나 뚜렷 하지 못하다. 등지느러미의 기부와 끝부분에 흑색 띠가 있고 꼬리지느러미의 윗조각 과 아랫조각에도 암색 세로띠가 있다. 산란기의 수컷은 분홍색으로 물든다.

유속이 완만한 강에서 살며 바닥 가까운 곳을 헤엄친다. 바닥에 진흙이 섞인 모래나 자갈이 깔린 곳이나 수초가 있는 곳을 좋아한다. 그림자, 소리 등 환경 변화에 대하여 민감하게 반응하며 육식성이다.

산란기는 5, 6월이며 조개의 몸 안에 산란한다. 만3년이면 10센티미터 이상으로 성장 한다.

서해와 남해로 흐르는 각 하천에서 살고 북한에도 분포한다.

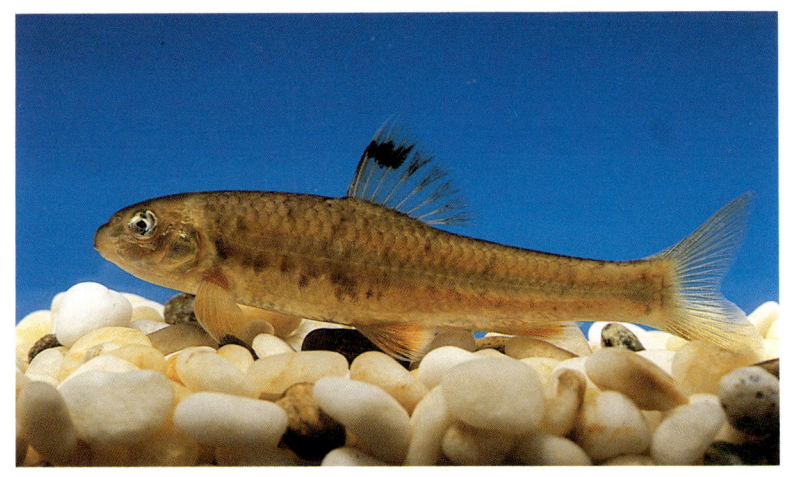

참중고기

참중고기의 출현 빈도는 0.12퍼센트로 50위에서는 많이 벗어나지만 가정 수족관에서는 흔히 볼 수 있는 종이다.

몸의 길이가 8 내지 10센티미터 정도의 개체들은 흔하지만 12센티미터 이상은 발견되지 않는다.

참중고기와 중고기를 외형상으로 구별하기는 매우 힘들다. 참중고기는 중고기에 비해서 배지느러미가 작고 등지느러미의 바깥 가장자리는 직선형이거나 약간 안으로 굽는다. 입수염은 흔적적이다.

색채는 두 종이 많이 다르다. 등은 어두운 녹갈색이고 배는 음백색이다. 몸의 양측 중앙부에는 암색 세로띠가 있고 구름 모양의 반문이 있다. 등지느러미에는 중앙부를 가로지르는 폭이 넓은 흑색 띠가 있으나 다른 지느러미에는 무늬가 없다. 혼인색을 띤 수컷은 흑남색이 강하다.

물이 맑은 하천의 소에서 산다. 잘 놀라며 수초나 돌 밑에 숨고 식성은 육식성이다. 곤충, 새우, 실지렁이 등을 주식으로 한다.

산란기는 4월에서 6월 사이이다. 어린 것도 5센티미터를 넘게 되면 어미 고기와 거의 같은 형질을 갖추게 된다. 만3년에 10센티미터 정도로 성장한다.

서해와 남해로 흐르는 각 하천에 분포하는 우리나라 특산종이다.

버들붕어

버들붕어의 출현 빈도는 0.26퍼센트로 51위이지만 일반에게는 잘 알려진 종이다.
몸의 길이가 5 내지 7센티미터 정도의 개체들은 흔하지만 8센티미터를 넘는 개체는
드물다.
특이한 형질을 갖추고 있어서 가정 수족관 애호가들의 환영을 받고 있다. 몸은 붕어
와 비슷하지만 그보다도 훨씬 심하게 옆으로 납작하다. 머리는 비교적 크고 입은
작으며 위를 향한다. 눈은 비교적 크고 옆줄은 없다. 등지느러미와 뒷지느러미는
유별나게 길어서 헤엄칠 때는 평화스럽게 보인다. 꼬리지느러미는 갈라지지 않고
밖으로 둥글다.
등은 암록색, 배는 담갈색이다. 몸의 양측에는 10개 이상씩의 담홍색 가로무늬가
있다.
늪, 연못, 웅덩이 등과 같이 물이 고여 있고 수초가 우거진 곳에서 산다. 물 속에서
사는 곤충을 주식으로 하며 산소 부족이나 수질 오염에 대한 적응력이 강하다.
산란기는 6, 7월, 수컷이 거품과 끈끈한 액체를 분비해서 거품집을 물 위에 뜨게 한
뒤에 알을 낳게 하고 새끼가 독립할 때까지 그것을 지킨다.
전국적으로 분포하며 북한, 중국, 일본 등에도 분포한다.

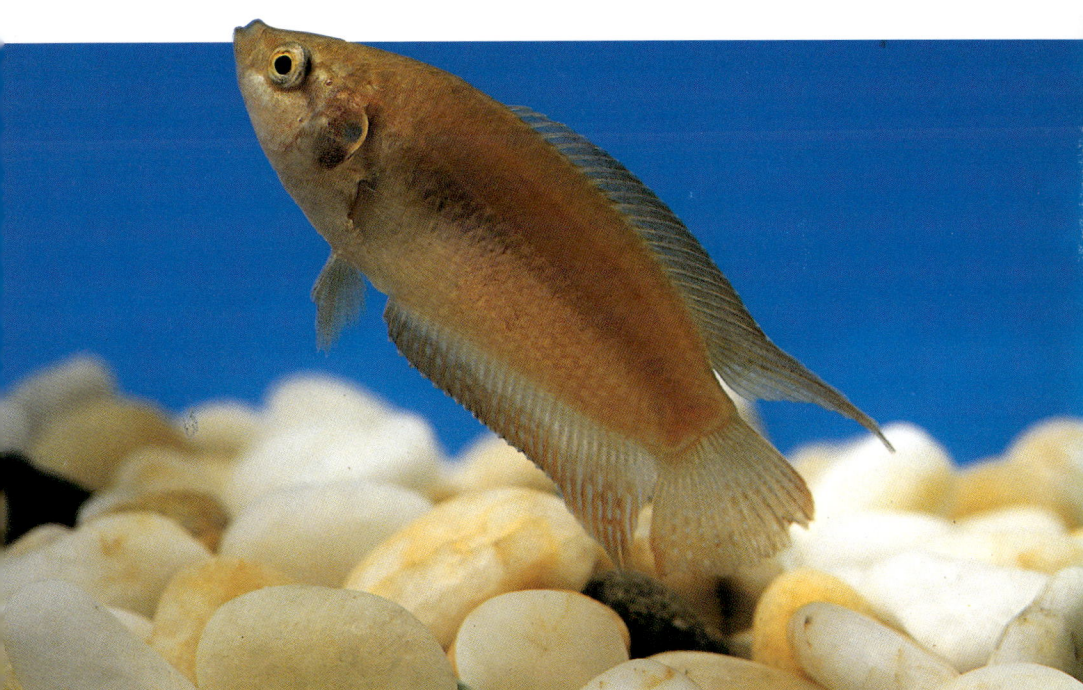

고서에 나오는 민물고기들

고서에도 많은 물고기들이 소개된다. 20종은 넘을 것 같다. 식용이 된다고 해서 우리의 조상들이 관심을 표시했던 종들이 많으며 약용이 된다고 해서 귀하게 생각했던 종들도 적지 않다. 시(詩)나 서화(書畫)의 대상이 된 종들도 더러는 있다. 앞에서 소개한 종들 가운데서도 고서에 나오는 것들이 적지 않다. 잉어, 붕어, 미꾸리, 미꾸라지, 은어, 동자개, 메기 등이 그 예이다.

이 밖에 새로 소개할 종들이 10여 종이나 된다. 이들 종들에 대해서는 종별로 우리 조상들이 관심을 표시한 이유를 밝히려고 한다.

필자가 참조한 고서는 120여 종에 달한다. 대부분이 19세기 말까지 저술된 것들이지만 20세기에 펴낸 것들도 신(新)문화가 들어오기 전에 발간된 것들은 여기에 포함시켰다.

세월이 흐름에 따라 사람들의 생각도 변화하고 있다. 어떻게 해서 그런 변화가 일어나고 있는지를 밝혀 보려고 한다. 그뿐 아니라 현대를 사는 우리가 잘못 계승한 것이 있으면 그것을 바로잡아야 하고, 옛날 사람들의 기록에 잘못된 것이 있다면 그것도 지적하여야겠다.

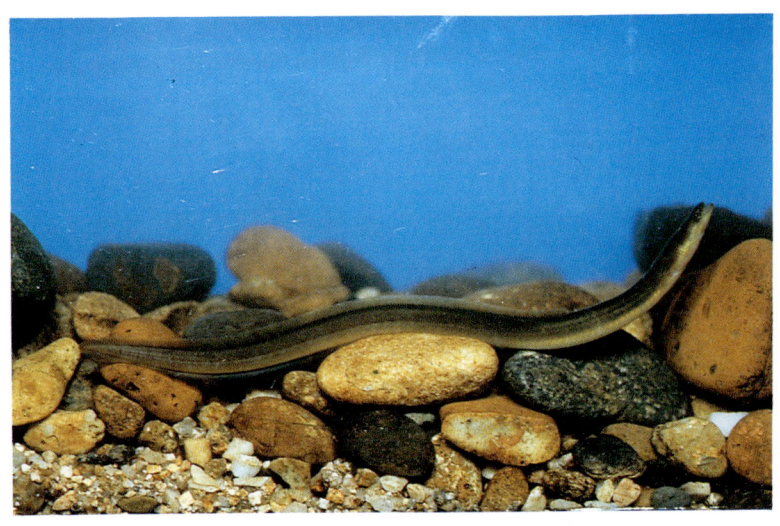

뱀장어

뱀장어는 흔한 물고기 가운데 하나이고 일반에게는 가장 잘 알려진 종의 하나이다.
몸의 길이가 40 내지 80센티미터 정도의 개체들은 흔하지만 1미터 이상은 드물다.
몸은 가늘고 긴 원통형, 배지느러미는 없고 등, 꼬리, 뒷지느러미는 연결된다. 비늘은
피부 속에 묻혀 있다.
등은 암갈색 내지 흑갈색, 배는 은백색이며 실뱀장어는 백색이다.
온난한 물을 좋아하며 거의 모든 담수 수계에서 발견되며 식성은 육식성이다.
깊은 바다에서 산란을 하며 실뱀장어는 민물로 올라와서 성장한다.
전국 각지에 분포하며 북한, 중국, 일본, 베트남 등에도 분포한다.
유효통 등이 1433년에 펴낸 「향약집성방」에는 '만려어(鰻鱺魚)'라고 중국명을 그대로
인용하고 있다. "맛은 달고 독이 있으며 주로 치질과 부스럼에 좋고 살충제이다"라고
했다. 중국의 문헌을 그대로 인용하고 있으나 과학성은 거의 없는 내용들이다.
허준의 「동의보감」을 비롯하여 많은 의약 책들도 비슷한 내용들을 소개하고 있다.
모두 중국 책을 그대로 옮긴 것, 드렁허리와 비슷하다고 했고 뱀의 무리라고 한 것
등 잘못된 내용들이 대부분이다. 서유구가 지적한 뱀장어가 새끼를 친 것을 보았다고
한 것 하나만 맞을 따름이다.

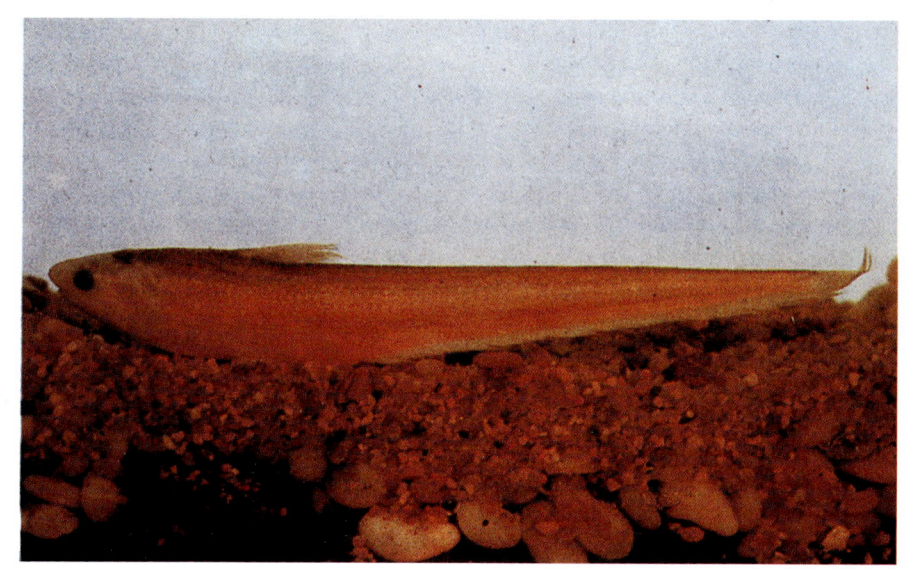

웅어

웅어의 출현 빈도는 0.05퍼센트밖에 되지 않지만 예나 오늘이나 횟감으로 잘 알려진 종이다.

가장 큰 것은 몸의 길이가 30센티미터에 달한다.

몸 전체가 칼처럼 생겼다. 입이 대단히 커서 아감덮개 뒤까지 벌릴 수 있고 아래턱이 짧고 뒷지느러미가 대단히 길며, 꼬리지느러미와 연결된다. 등은 암청색, 배는 은백색이다.

4, 5월에 강의 하류에 올라와서 갈대밭에 산란한다. 어린 웅어는 여름부터 가을에 걸쳐 바다로 내려가서 성장한다. 육식성이며 어류를 주식으로 한다.

큰 강의 하류에 분포하며 중국과 일본에도 분포한다.

유득공이 펴낸 「경도잡지」에는 제어(鮆魚), 위어(葦魚)로 나온다. "한강 하류 행주에서 나온다. 늦봄부터 초여름에 걸쳐서 궁중의 사옹원 관리들이 그물로 잡아 왕에게 먼저 진상한다. 그 뒤에 생선 장수들은 시가지를 돌면서 웅어를 사라고 외친다. 이 물고기는 횟감이다"라고 나와 있다.

이 종은 예부터 왕이 사는 곳을 그리워한다는 전설이 있다. 행주는 이 종의 명산지였다. 사옹원은 이곳에 웅어를 잡는 위어소(葦魚所)를 두었었다.

누치

누치의 출현 빈도는 0.24퍼센트로 50위 밖으로 벗어나지만 예부터 식용어로 잘 알려진 종이다.

몸의 길이가 20 내지 30센티미터 되는 개체들은 흔하고 때로는 50센티미터 이상도 있다.

몸은 원통형에 가깝지만 후반부는 옆으로 납작하다. 입은 주둥이의 밑에 있고 입수염이 한 쌍 있으며, 옆줄은 완전하다.

등은 암색이고 배는 은백색이다. 몸의 양측에 눈동자 크기의 암반점이 6 내지 9개 열지어 있으나 성장하면 없어진다.

물이 맑고 깊은 곳에서 산다. 모래나 자갈이 깔린 바닥을 헤엄치면서 작은 동물을 포식한다. 산란기는 5월, 얕은 곳에 산란한다.

서, 남해로 흐르는 큰 강에 분포하며 북한과 중국에도 분포한다.

많은 고서에는 '눌어(訥魚)'로 나온다.

늣치, 눕치, 누치 등 방언도 소개하고 있다. 서유구의 「난호어목지」에는 "…머리가 숭어와 비슷하고 대형종이며 황색이고 살에 가시가 많다. 곡우 전후에 수컷이 물속에서 주둥이로 돌에 붙은 물때를 비벼서 떼어내면 암컷이 뒤를 따라 그것을 삼키고 마침내 새끼를 친다"라고 나온다.

누치는 참마자나 어름치와 가까운 종이다.

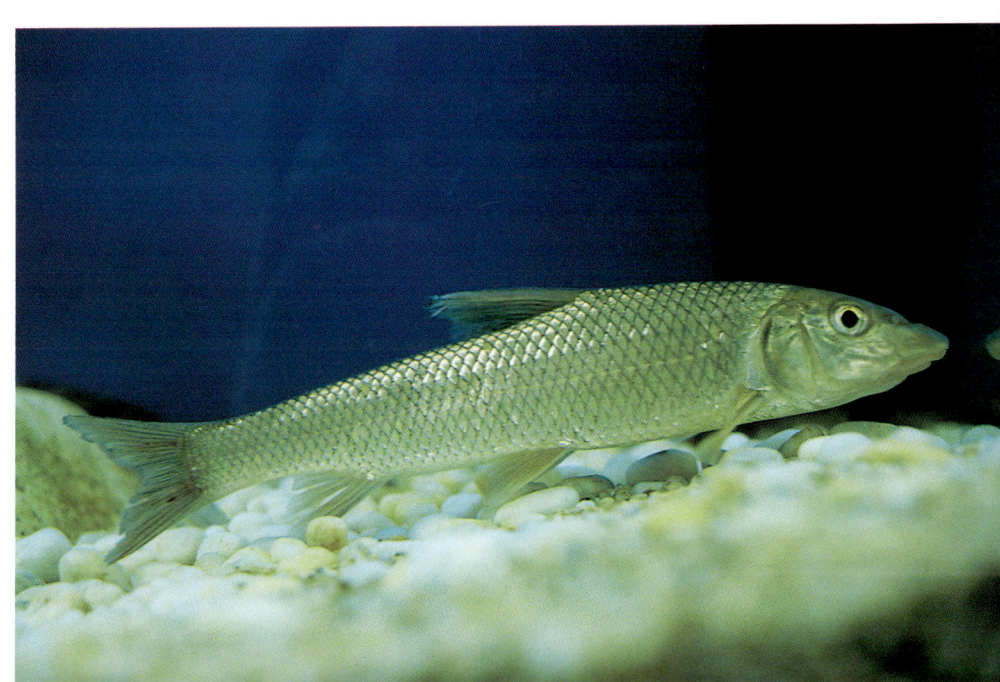

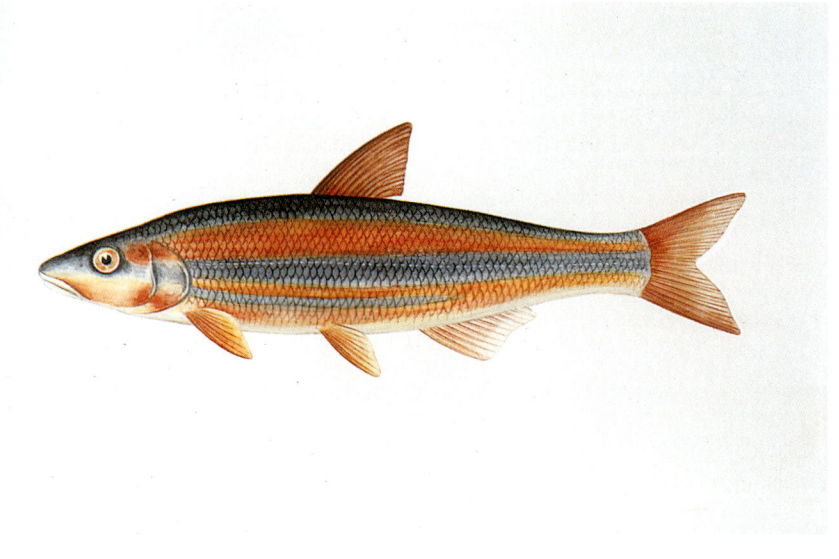

황어

황어도 출현 빈도는 0.04퍼센트밖에 되지 않지만 일반에게 비교적 잘 알려진 종이다.

몸의 길이가 15 내지 20센티미터 정도의 개체들은 흔하지만 30센티미터 이상은 드물다.

몸은 긴 방추형, 후반부는 옆으로 납작하다. 입수염은 없고 옆줄은 완전하다. 뒷지느러미는 등지느러미보다 훨씬 뒤에 있고 비늘이 잘다.

등은 황갈색이고 배는 은백색이다. 혼인색을 띨 때는 세 줄의 주황색 세로띠가 현저하다.

물이 맑은 하천의 하류에서 살며 식성은 잡식성이다. 일생 동안의 대부분을 바다에서 보내고 산란기에 하천에 나타나 모래나 자갈 바닥에 산란한다.

주로 동해로 흐르는 하천의 하류에서 살며 북한, 중국, 일본 등에도 분포한다.

「세종실록」을 비롯하여 많은 고서에 '황어'로 소개된다. 서유구의 「난호어목지」에는 "생긴 모양이 잉어와 많이 닮았다. 큰 것이든지, 작은 것이든지 마찬가지이다. 비늘의 빛깔이 순황색이므로 황어라고 한다. 서해에서 살고 언제든지 비가 내리려고 하면 물 위로 여러 질씩 뛰었다가 떨어지므로 그 소리가 물장구치는 소리와 같다. 지방분이 있고 맛이 좋다"라고 나온다. 그 당시까지도 서해에 많았던 것 같다.

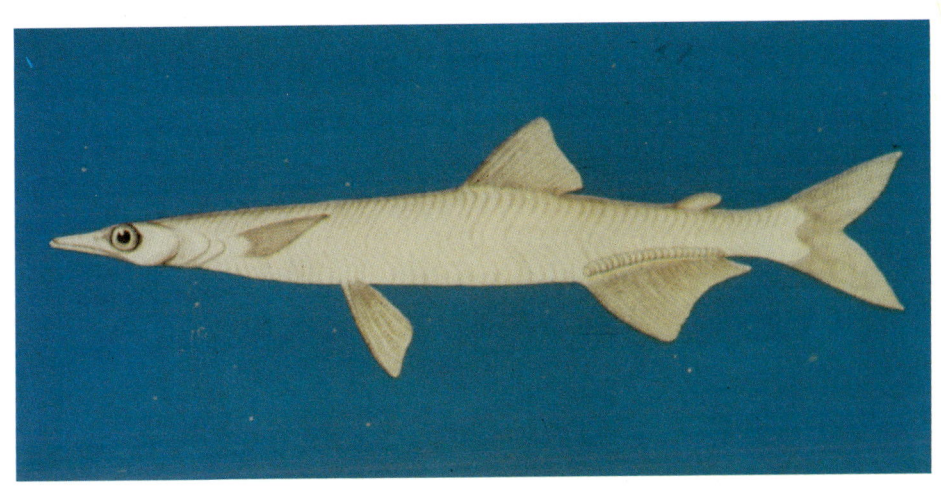

붕퉁뱅어

고서에 나오는 '뱅어(白魚)'는 대부분이 붕퉁뱅어이다. 일반 사람들은 현재도 뱅어라고 많이 부른다.

수컷은 17센티미터 안팎, 암컷은 15센티미터 안팎이다.

몸은 가늘고 길며 기름지느러미가 있고, 뒷지느러미가 길며 꼬리지느러미가 둘로 갈라진다.

살아 있을 때는 반투명하지만 잡아 올리면 백색으로 변한다.

1, 2월에 하천의 하구 구역에서 산란한다. 부화한 새끼는 봄까지 산란장에 남지만 여름까지는 바다로 내려가서 연안에서 성장한다. 동물성 플랑크톤을 주식으로 한다. 서해에서 살면서 산란기에 큰 강에 나타나며 중국에도 분포한다.

「세종실록」에 다음과 같은 기록이 있다. "매년 겨울, 아주 추운 계절에 양화도에서 나오는 뱅어는 대단히 맛이 있어서 가장 먼저 임금님에게 진상한다"

허준의 「동의보감」에는 "뱅어는 성이 평(平)이고 독이 없으며, 위를 열고 먹는 것을 내려가게 한다. 강과 호수에서 살고 있다. 겨울에 얼음을 깨고 잡는다. 한강에서 나오는 것들이 가장 좋다"라고 나와 있다. 그 뒤에 나온 많은 의약 책들은 이에 따르고 있다.

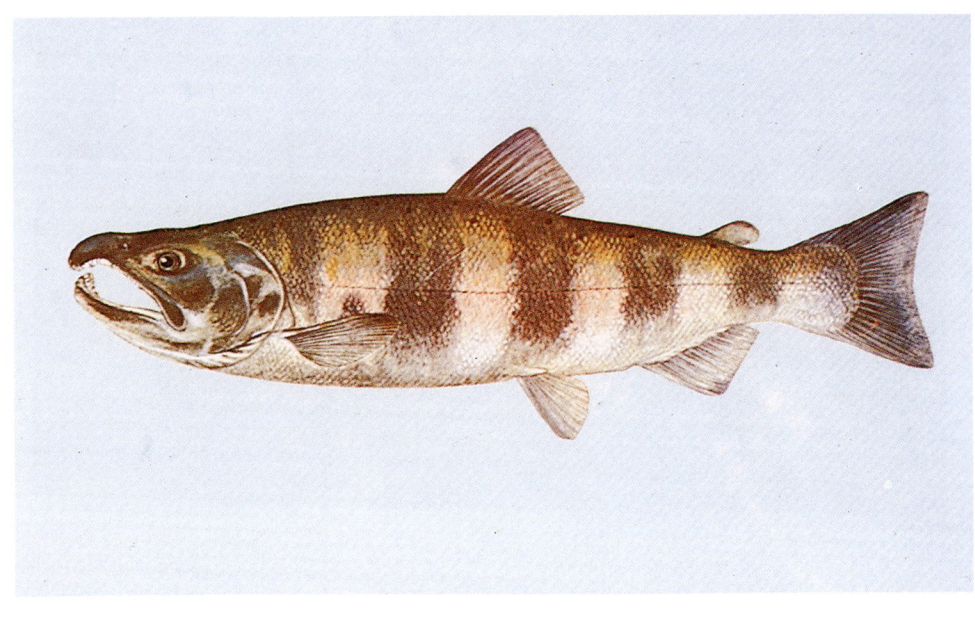

송어

송어도 입수하기가 쉽지 않지만 일반에게 잘 알려진 종이다.
어미 고기는 60센티미터 정도까지 성장한다.
몸은 원통형이고 비늘이 잘다. 옆줄의 비늘수는 112 내지 140개나 된다. 기름지느러미가 있고 꼬리지느러미는 얕게 갈라진다.
등은 암청색, 배는 은백색이다. 등에는 흑반점이 많고 혼인색일 때는 암수가 다 같이 등과 배에 흑색이 강하다.
산란기는 9, 10월이다. 물이 맑고 차며 바닥에 자갈이 깔린 곳에 웅덩이를 파고 산란한다. 부화한 어린 송어는 산란장에서 월동을 한 뒤 다음해 4, 5월에 바다로 내려간다. 바다에서 성장한 뒤 산란기에 되돌아온다.
동해로 흐르는 일부 하천에 분포하며 일본과 러시아에도 분포한다.
「동의보감」에는 송어에 관하여 다음과 같이 기록하고 있다. "성은 평이고 독이 없고 맛이 달며 대단히 좋다. 살이 많으며 색이 빨갛고 선명하여 소나무의 마디와 같다고 하여 송어라는 이름이 붙은 것이다. 동북 지방의 강과 바다에서 산출된다"
고서에 나오는 송어의 산지는 간성, 강릉, 삼척, 양양, 영덕, 영일, 영해, 장기, 흥해 등이다.

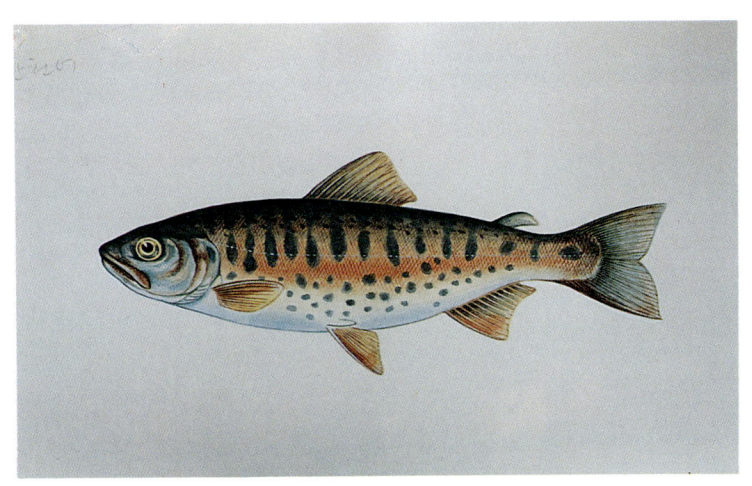

산천어

산천어도 일반에게 잘 알려진 종이기는 하나, 일반이 오해를 하고 있는 내용을 몇 가지 밝혀야 하겠다. 첫째, 송어와 산천어가 같은 종이라는 것을 일반이 잘 모르고 있다. 송어와 산천어 사이에는 같은 종인 까닭에 교배가 가능하다. 둘째, 산천어는 수컷이 대부분이어서 송어의 암컷이 바다에서 올라오지 않으면 번식이 되지 않는다. 같은 종이면서 바다에서 자란 것이 송어이고 민물에서 자란 것이 산천어라고 생각하면 된다.

몸의 길이가 20센티미터 정도의 개체들은 흔하지만 송어에 비하면 소형이어서 30 센티미터 이상은 발견되지 않는다.

몸색은 송어의 어린 것과 같다. 4, 5월경에는 몸의 양측은 황금색으로 변하고 배가 은백색이지만 가을에는 10개 안팎의 흑갈색 가로무늬가 나타나서 일생 동안 남는다.

하천의 상류, 물이 맑은 곳에서 산다. 부화 뒤 만2년이 지나면 20센티미터 안팎으로 성장한다.

식성은 육식성이며 물 속에서 사는 곤충이나 어린 물고기를 주식으로 한다.

동해로 흐르는 일부 하천에 분포하며 북한, 러시아, 일본 등에도 분포한다.

고서에는 산천어로 소개되지는 않는다.

연어

연어도 일반에게 잘 알려진 종이다.

가장 큰 것은 몸의 길이가 80센티미터 정도이다.

송어에 비하면 옆으로 납작하나 송어와 마찬가지로 기름지느러미가 있다.

등은 흑청색이고 배는 은백색이다. 몸의 양측에는 송어의 경우처럼 흑반점이 흩어져 있지는 않다. 산란기에는 암수가 다 같이 벽돌색으로 변하고 붉은 자주색의 반문이 나타난다.

산란기는 9월에서 11월 사이이며 물이 맑고 자갈이 깔린 곳에 웅덩이를 파고 산란한다. 부화 뒤 어린 연어가 4센티미터를 넘으면 바다로 내려가기 시작하며 바다에서 성장한다. 동해와 남해로 흐르는 일부 하천에 산란한다.

북한, 중국, 러시아, 일본, 캐나다, 미국 등에도 분포한다.

「동의보감」에는 연어에 관하여 다음과 같이 기록하고 있다. "연어(鰱魚), 성은 평이며 맛은 달고 좋다. 알은 진주와 같고 분홍색이며 그 맛은 더욱 좋다. 동북부의 강과 바다에서 생산된다"

서유구의 「난호어목지」에는 "년어(年魚), 동해에 한 종이 있다. 큰 것은 길이가 3척 (90센티미터), 비늘은 잘고 바탕은 청색이다. 살의 색은 분홍이고 알은 밝은 구슬과 같다. 색은 연분홍이지만 소금에 절이면 빨개지지만 찌면 다시 연분홍으로 되돌아간다…"라고 나온다.

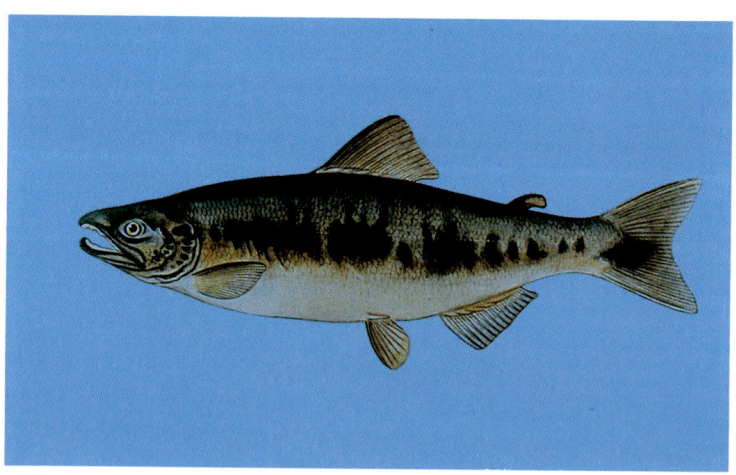

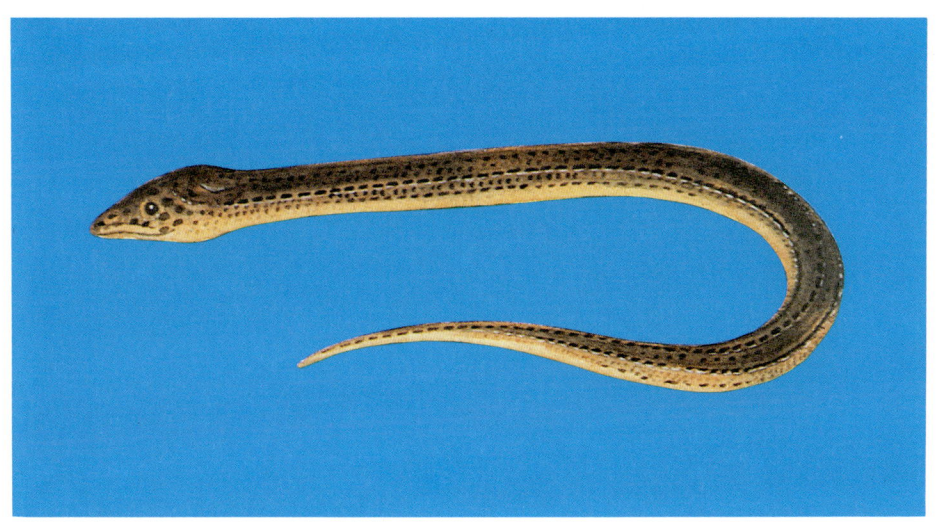

드렁허리

드렁허리의 출현 빈도는 0.01퍼센트밖에 되지 않지만 고서에는 많이 나오는 종이다.

보통 볼 수 있는 몸의 길이는 30 내지 50센티미터이지만 60센티미터 정도 되는 개체도 있다.

몸은 뱀장어형, 뒤로 갈수록 옆으로 납작하다. 비늘은 없고 눈은 작으며, 피막에 덮여 있다. 아가미구멍은 배 쪽에서 하나로 합친다. 가슴지느러미와 배지느러미가 없고 목에 공기 호흡기가 있다.

등은 짙은 암갈색이고 배는 주황색이며 많은 반점이 흩어져 있다.

작은 것은 논이나 농수로, 큰 것은 연못이나 하천의 진흙 바닥에서 살며 건조에 대해서 잘 견딘다. 산란기는 6, 7월, 흙 속에 굴을 뚫고 알을 낳는다. 주로 서남부에 많으며 중국, 일본, 동남아시아 각국에도 분포한다.

「향약집성방」「동의보감」「난호어목지」 등 많은 고서에 소개하고 있다. 「동의보감」에는 "드렁허리(鱔魚)는 성이 대온(大溫)이고 맛은 달며 독이 없다. 다른 이름으로 선어(鱓魚)라고 한다. 뱀장어와 비슷해서 가늘고 길며, 뱀과 같기도 하지만 비늘이 없다. 파란색과 노란색의 두 가지 색이 있고 물가의 진흙 굴 속에서 산다. 역시 뱀 종류이다"라고 나온다. 그러나 뱀 무리는 아니다. 식용이고 약용이 된다고 나와 있는 고서가 많다.

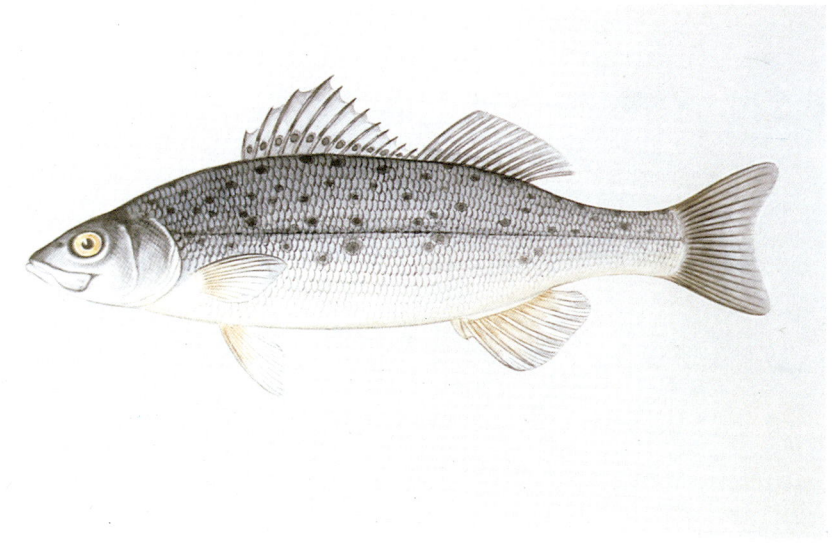

농어

농어도 출현 빈도는 0.03퍼센트밖에 되지 않지만 일반에게는 비교적 잘 알려진 종이다.

몸의 길이가 50 내지 70센티미터 정도의 개체들은 흔하고 때로는 90센티미터 안팎의 개체도 있다.

몸이 길고 옆으로 납작하며 입이 크다. 옆줄은 완전하고 등지느러미는 둘처럼 보이지만 서로 연결된다. 꼬리지느러미는 얕게 갈라진다.

등은 회청색, 배는 은백색이다. 몸의 양측과 등지느러미에는 작은 흑반점이 흩어져 있으나 크면 대부분이 없어진다.

어린 농어들은 바다에서 살다가 5센티미터 안팎의 새끼들이 강으로 올라온다. 10센티미터 정도가 되면 강의 중류까지 올라가서 곤충을 주식으로 한다. 가을에서 겨울에 걸쳐 연해에서 산란한다.

전국적으로 분포하며 북한, 중국, 일본, 러시아 등에도 분포한다.

다산 정약용의 「아언각비」에는 "강에서 사는 노어는 크기가 붕어 정도이고 바다에 사는 노어는 아니다"라고 했다.

이만영의 「재물보」에도 "요사이 농어라고 부르고 있는 종은 송강노어 곧 꺽정이는 아니다"라고 했다.

여기에서 강에 사는 노어라고 한 것은 꺽정이이고, 바다에 사는 노어라고 한 것이 농어이다. 농어도 강으로 올라오며 많은 고서에 토산품으로 소개했다.

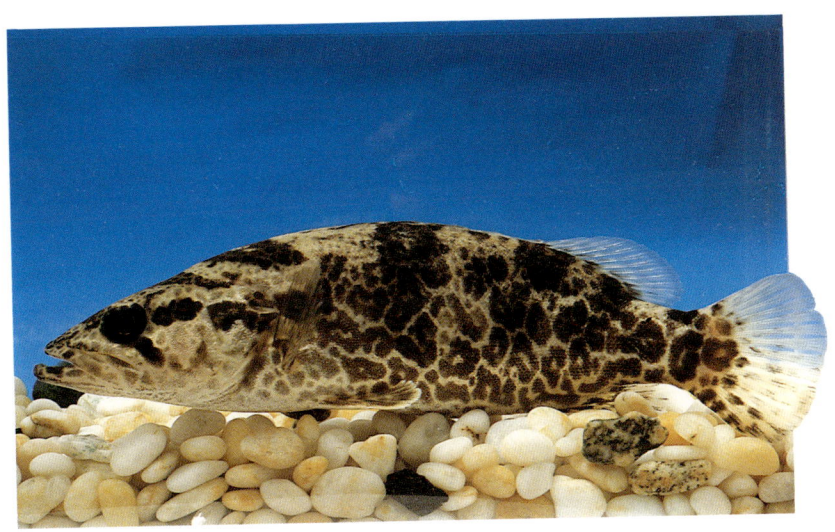

쏘가리

쏘가리도 일반에게 잘 알려진 민물고기이지만 출현 빈도는 0.23퍼센트로 50위 밖으로 밀려난다.

몸의 길이가 20 내지 30센티미터 정도의 개체들은 흔하지만 50센티미터 이상은 매우 드물다.

몸은 길고 옆으로 납작하며 비늘이 잘다. 옆줄은 완전하고 등지느러미의 가시와 살 부분은 막으로 연결된다. 꼬리지느러미의 끝은 둥글다.

몸은 황갈색, 등은 짙고 배는 연하다. 지느러미를 포함한 온몸에 흑반점이 흩어져 있고 몸 양측에는 그물 눈처럼 생긴 큰 흑반점이 많다.

큰 강의 중류, 물이 맑고 바위가 깔린 곳에서 살며 식성은 육식성이다. 산란기는 5월에서 7월 사이로서 자갈이 깔린 여울에 산란한다.

주로 큰 강에 분포하며 북한과 중국에도 분포한다.

「세종실록」이나 「동국여지승람」을 비롯하여 많은 고서에 '금린어(錦鱗魚)'라고 소개하고 있는 것이 쏘가리이다.

식용이나 약용어로 중요한 어종일 뿐 아니라 시문(詩文), 회화, 도자기의 그림 등의 소재가 된 까닭에 많은 고서에 기록되어 있다. 「동의보감」에는 "소가리(鱖魚)는 성이 평이고 맛이 달며 독이 없다. 얼마쯤은 독이 있다고 말하는 사람도 있다. 피로를 보하고 비위를 이롭게 한다. 창자의 풍과 혈변을 고친다. 뱃속의 벌레를 제거하고 기력을 더하게 한다"라고 나온다.

숭어

숭어도 잘 알려진 종이다. 출현 빈도는 0.30퍼센트로 48위이다.

몸의 길이가 30 내지 50센티미터 되는 것들은 흔하지만 80센티미터 이상의 개체는 드물다.

몸은 원통형이지만 후반부로 갈수록 옆으로 납작하다. 옆줄은 없고 제1등지느러미는 가시가 4개이며 제2등지느러미와 많이 떨어져 있다. 눈은 기름눈까풀로 덮여 있고 꼬리지느러미는 끝이 갈라진다.

등은 암갈색, 배는 은백색이다. 몸의 양측에는 여러 줄의 암색 줄무늬가 있다.

여름에는 연안이나 내만 또는 강의 하류에서 떼지어 생활하고, 겨울에는 바다로 이동한다. 해감에 포함된 유기물을 주식으로 하며 산란기는 10, 11월이다.

전국 각 연안에 분포한다. 세계 각지의 열대에서 온대에 걸쳐서 분포한다.

많은 고서에는 수어(水魚, 秀魚), 또는 치어(鯔魚)로 소개하고 있다. 「동의보감」에는 "숭이(鯔魚)는 성이 평이고 맛은 달다. 독이 없다. 위를 열고 오장을 이롭게 하며 몸을 살찌게 하고 건강하게 한다. 이 물고기는 진흙을 먹고 있어서 백 가지 약에 가피할 것이 없다. 잉어와 비슷하고 몸이 둥글며 머리가 납작하다. 뼈는 연하고 강과 바다의 얕은 물 속에서 산다"라고 나와 있다.

조상들이 식용, 약용어로 숭어를 중시했던 것을 엿볼 수 있다.

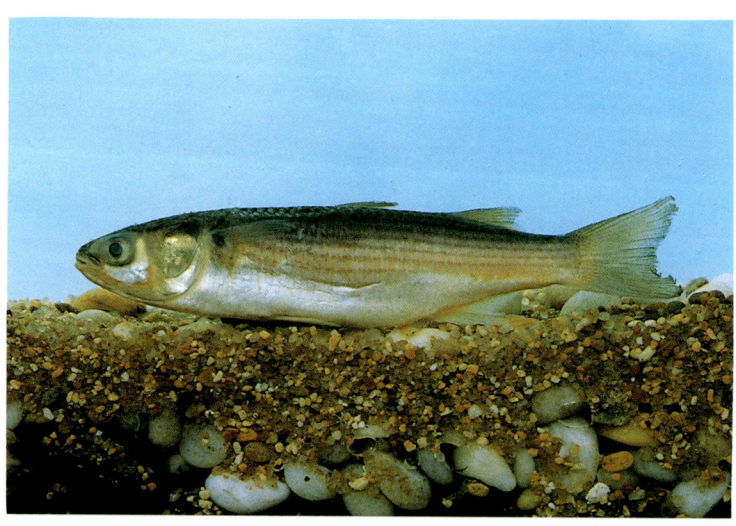

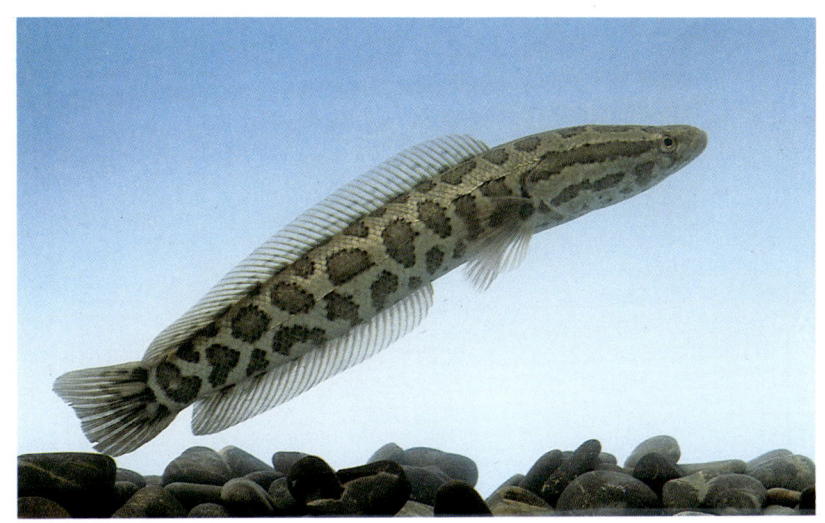

가물치

가물치도 출현 빈도는 0.04퍼센트밖에 되지 않지만 일반에게 잘 알려진 종이다.
보통 볼 수 있는 것은 30 내지 50센티미터 정도이지만 1미터 이상도 있다.
몸은 길고 후반부는 옆으로 납작하며 입은 크고 옆줄은 완전하다. 등지느러미와 뒷지
느러미는 다 같이 길고 꼬리지느러미는 끝이 둥글다.
몸은 황갈색, 등 쪽이 짙은 색이고 배가 연하다. 몸의 양측에는 두 줄의 암갈색 세로
띠가 있다.
연못이나 늪과 같이 고여 있는 물에서 산다. 수온 변화, 수질 오탁, 산소 결핍 등에
잘 견딘다. 육식성이고 탐식성이다. 산란기는 5월에서 8월 사이이고 물에 띄운 둥지
에 산란한다.
거의 전국적으로 분포하며 북한, 중국, 일본 등에도 분포한다.
「동의보감」에는 "가모티(蠡魚)는 성이 차고 맛은 달며 독이 없다. 몸이 부었을 때
부기를 빼는 데 주로 효과가 있다. 다섯 가지 치질을 고친다. 부스럼이 있는 사람은
먹지 않아야 한다. 흰 무늬가 남는 까닭이다. 예어(鱧魚)라고 부르기도 한다. 여기저기
의 연못이나 늪에서 산다. 이 물고기는 뱀이 변한 것으로 잘 죽지 않고 아직도 뱀의
성질을 가지고 있다"라고 나와 있다. 그러나 말할 것도 없이 가물치는 뱀이 변한
것은 아니다.

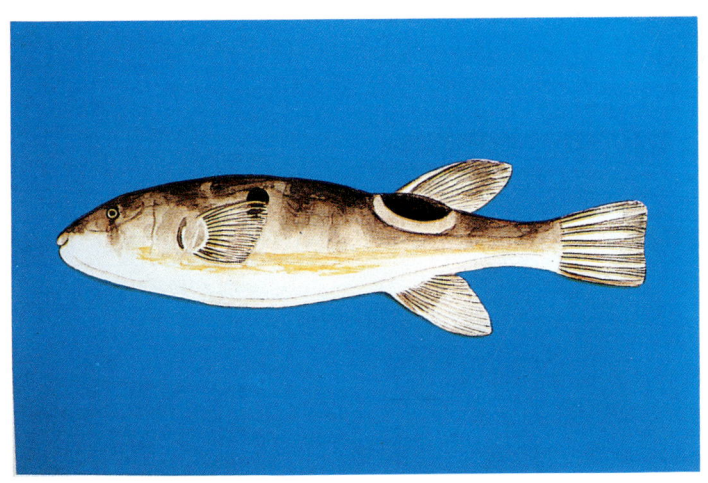

황복

황복도 생산량은 매우 적지만 일반에게는 비교적 잘 알려진 종이다.

몸의 길이가 20센티미터 안팎의 것들은 흔하지만 30센티미터를 넘는 개체는 아주 드물다.

몸은 복어형, 배지느러미가 없고 등과 배에 잔가시가 많다. 입은 작고 눈은 크다. 위턱과 아래턱에 융합된 앞니가 2개씩 있다. 옆줄은 두 줄이고 꼬리지느러미는 갈라지지 않는다.

등은 회갈색, 배는 은백색이다. 몸의 양측에는 폭이 넓은 황색 세로띠가 달린다. 가슴지느러미의 등 쪽과 등지느러미의 기부에는 백색 테를 두른 큰 흑반점이 각각 하나씩 있다.

봄에 산란을 하기 위하여 강 하류에 나타난다. 부화한 어린 복어는 바다로 내려가서 성장하며 산란장은 바닥에 자갈이 깔린 여울이고 산란기는 4, 5월이다.

서, 남해로 흐르는 큰 강의 하류에 나타나며 북한과 중국에도 분포한다.

많은 고서에 나와 있는데 모두 독이 있다고 지적하고 있다. 「난호어목지」에는 "복(河豚)은 등이 청록색이고 노랑 무늬가 있으며 배는 희고 빛나지 않는다. 한식 때는 이미 와 있고 복숭아꽃이 피면 독이 있어서 먹을 수 없다. 건드리면 화가 나서 몸을 기구처럼 팽창시켜 물 위에 뜬다"라고 나온다.

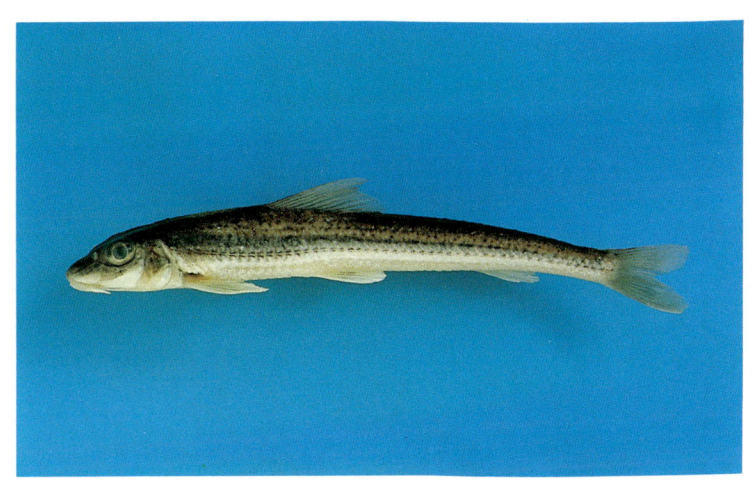

두우쟁이

두우쟁이는 출현 빈도가 0.01퍼센트밖에 되지 않지만 일부 고서에 소개하고 있다. 몸의 길이가 15 내지 20센티미터 되는 것들은 흔하지만 25센티미터 이상의 개체는 드물다.

몸은 가늘고 길며 특히 등, 배지느러미보다 뒤가 길다. 입은 주둥이의 밑에 있고 입수염은 한 쌍, 옆줄은 거의 직선형이다.

등은 청갈색, 배는 은백색이다. 몸 양측 중앙부에 10 내지 15개씩의 암갈색 반점이 열지어 있다.

큰 하천의 하류, 바닥에 모래가 깔려 있는 곳에서 산다. 수초 등에 붙어 있는 미생물을 주식으로 하지만 잡식성이다. 산란기는 4월, 수초에 알을 붙인다. 만1년에 15센티미터 정도, 2년에 20센티미터, 3년이면 25센티미터 안팎으로 성장한다.

한강과 금강 하류에 분포하며 중국에도 분포한다.

「난호어목지」에는 '미수감미어'로 나온다. 허미수가 맛있게 먹었다고 해서 그런 이름이 붙었다고 한다.

김매순이 펴낸 「열양세시기」에는 '공지(貢脂)'로 나오고 김창협의 시에 나오는 "물고기가 곡우를 맞아, 비늘을 반짝이며 올라간다"에서 물고기가 공지라고 밝혔다. 최영년의 「해동죽지」에는 '공지(供旨)'로 나온다.

미수감미어, 공지(貢脂), 공지(供旨)는 두우쟁이의 방언이다.

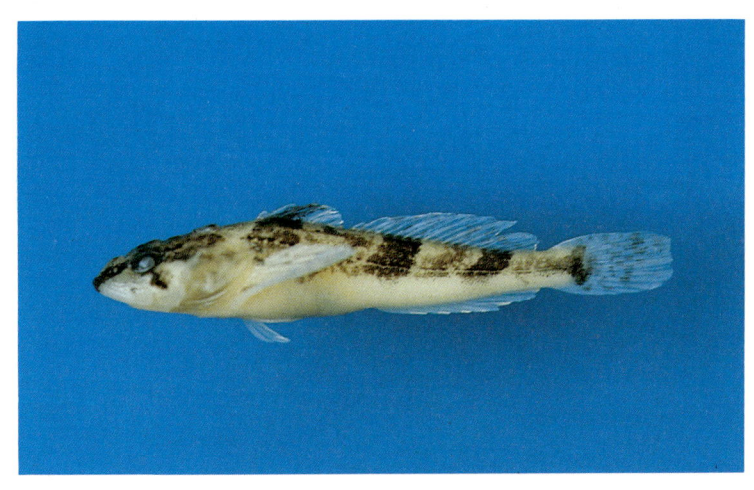

꺽정이

꺽정이는 출현 빈도가 0.04퍼센트밖에 되지 않지만 알고 보면 이름이 높은 종이다. 몸의 길이가 10센티미터 안팎의 개체들은 많고 때로는 17센티미터 정도의 개체도 있다.

머리는 위아래로, 후반부는 옆으로 납작하다. 입은 크고 옆줄은 완전하다. 눈 밑에는 현저한 돌기가 있고 아감덮개에는 4개의 가시가 있다.

등은 회갈색이고 배는 백색 또는 황백색이다. 몸 옆면에는 4, 5개의 폭이 넓은 암색 가로띠가 있다.

어린 것들은 강의 하류에서 살면서 동물성 플랑크톤을 주식으로 한다. 몸의 길이가 3센티미터를 넘게 되면 바닥에 붙고 4, 5월에는 강을 거슬러 올라간다. 산란기는 2, 3월이다.

서, 남해로 흐르는 하천에 분포하며 북한, 중국, 일본 등에도 분포한다.

"거구세린(巨口細鱗), 송강노어(松江鱸魚)" 입이 크고 비늘이 잔 송강노어란 말은 많은 문사들이 인용하고 있다. 그들은 소동파의 '후적벽부(後赤壁賦)'를 읽은 까닭인 것이다. 송강노어가 우리나라에도 살고 있고, 그것이 꺽정이라는 것을 알게 된 것은 19세기 초이다. 송강노어가 농어가 아니고 꺽정이라는 것을 여러 사람이 밝히고 있다. 그러나 꺽정이는 입은 크지만 비늘이 없다. 그런 기록들은 모두 "거구무린(巨口無鱗)"이라고 고쳐야 한다.

천연기념물

우리나라에서 살고 있는 민물고기들 가운데에는 학술적으로 보나 산업적으로 보나 귀중한 자료가 적지 않다. 그 가운데에는 우리나라의 특산종과 같이 우리나라에서 없어지면 지구상에서 그 종이 완전히 멸종되는 경우도 있다. 그런가 하면 다른 나라에 남아 있어도 우리나라에서 살고 있었다는 증거를 잃게 되는 종도 있다.

그런 귀중한 종들은 법적 조치를 해서라도 보호를 해야 한다. 우리나라에는 이런 귀중한 종들을 보호하기 위한 특별법인 '문화재보호법'이 있다. 이 법에 따라 보호를 받게 된 자연물을 천연기념물이라고 한다.

우리나라에서 문화재보호법으로 보호를 받고 있는 담수어는 4종이다. 무태장어, 어름치, 열목어, 황쏘가리 등이다. 이들 천연기념물을 훼손했을 때는 법에 따라 처벌을 받게 된다.

천연기념물을 훼손하는 행위는 문화 민족으로서 수치스러운 일이다. 우리나라에는 이들 4종말고도 지금 당장이라도 천연기념물로 지정을 해야 할 종들이 20여 종이나 된다. 이것은 일반 국민이 자연을 사랑하는 마음이 강하면 굳이 그것들을 새삼스럽게 천연기념물로 지정을 하지 않아도 될 것이다. 금강 상류의 어름치처럼 지정을 받고도 멸종하는 일은 더욱 부끄러운 일이다. 아무튼 우리 국민은 자연을 훼손하는 비문화적인 행위는 하지 말아야 할 것이다.

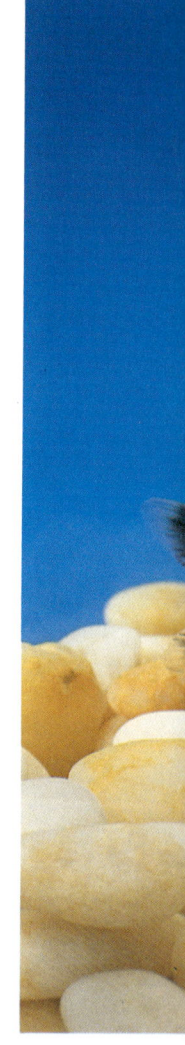

어름치

어름치는 누치나 참마자에 가까운 종으로 보호할 가치가 있는 종이다. 몸의 길이가 20센티미터 정도 되는 것들은 흔히 볼 수 있으나 40센티미터 안팎의 것은 드물다.

몸은 원통형에 가깝지만 후반부가 가늘고 입수염 한 쌍은 뚜렷하며 옆줄은 완전하다.

등은 암갈색, 배는 은백색이다. 몸의 양측에는 눈 크기의 흑반점열이 각각 여덟 줄 안팎으로 있고 지느러미에는 줄무늬가 있다.

큰 강의 중상류, 물이 맑고 자갈이 깔린 곳에 살며 물 속에 사는 곤충을 주식으로 한다. 산란기는 4, 5월, 돌틈에 산란을 하고 산란탑을 쌓아올린다.

한강과 금강에서만 사는 한국 특산종이다.

어름치는 분포지가 좁고 의젓한 종이며 산란 전에는 집단을 형성하고, 산란 뒤에는 자갈을 모아 산란탑을 쌓아올리는 등 특이한 습성을 가진 물고기이다. 그뿐 아니라 아직도 밝혀야 할 것들이 많이 남아 있는 학술상 귀중한 종이다. 그래서 1972년 5월 1일 금강 상류의 어름치를 천연기념물 238호로 지정했으나 효과가 나타나지 않아, 1978년 8월 18일자로 어름치 자체를 무태장어의 경우처럼 천연기념물 259호로 지정하게 되었다.

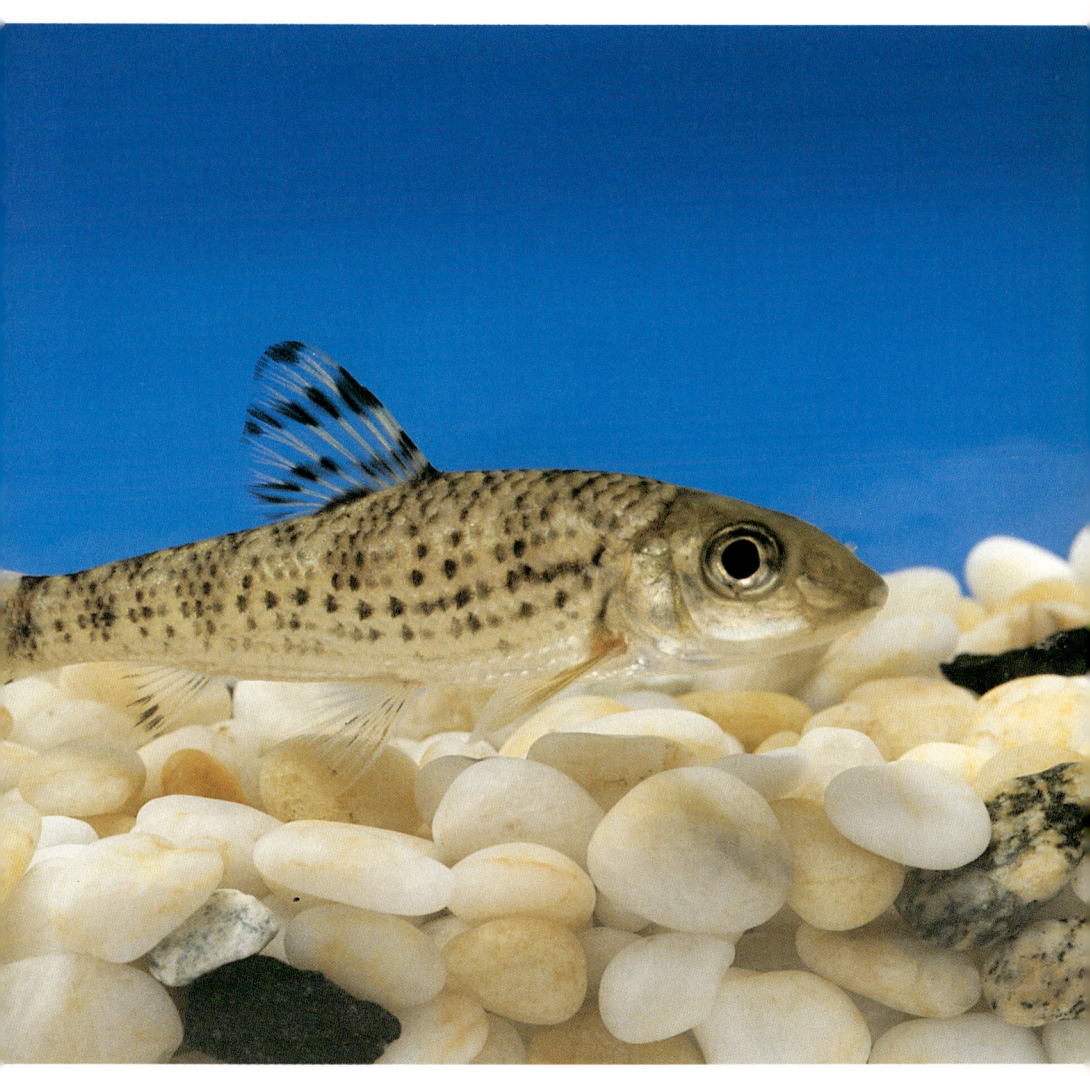

무태장어

무태장어는 우리나라에서는 희귀종이어서 보기가 매우 힘들다.

뱀장어에 비하면 대형종이어서 1미터 안팎의 것들은 드물지 않고 2미터에 달하는 것도 있다.

가슴지느러미가 붙은 점과 주둥이 끝까지의 길이가 등, 뒷지느러미가 시작되는 점과의 거리보다 짧다.

등은 황갈색이고 배는 은백색이며, 온몸에 흑갈색 반점이 많이 흩어져 있다.

하천이나 호소의 비교적 깊은 곳에서 산다. 육식성이고 깊은 바다에서 산란하며, 실뱀장어(무태장어 새끼)가 우리나라를 찾아온다.

중국, 일본, 필리핀, 인도네시아 등에도 살고 있다.

무태장어는 우리나라에서 희귀종일 뿐 아니라, 우리나라는 무태장어 분포의 가장 북쪽 한계선에 해당한다. 그러므로 특히 보호를 할 필요가 있다. 제주도 서귀포시에 있는 천지연에 무태장어가 서식하고 있다는 것이 확인되어 1938년에는 천지연에 서식하는 무태장어가 천연기념물 27호로 지정되었고, 1962년 12월 3일 재지정되었다. 그 뒤에 무태장어는 영덕 오십천을 비롯하여 경주군, 거제군, 하동군, 탐진강 등에서 발견되어 무태장어를 어디에서든지 보호할 수 있도록 천연기념물 258호로 지정했다.

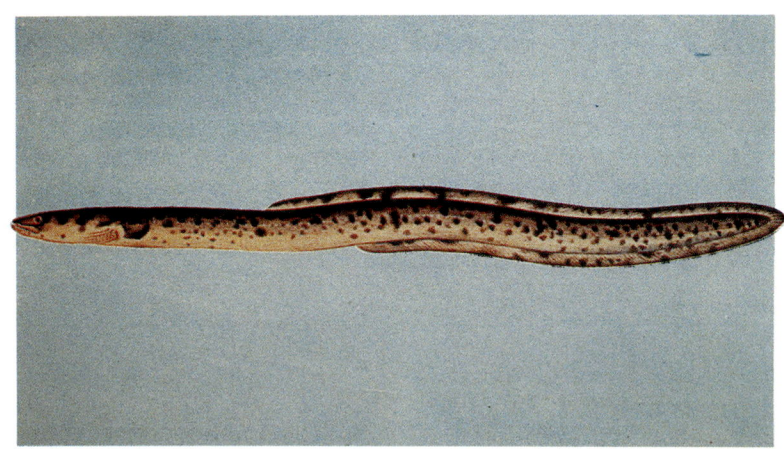

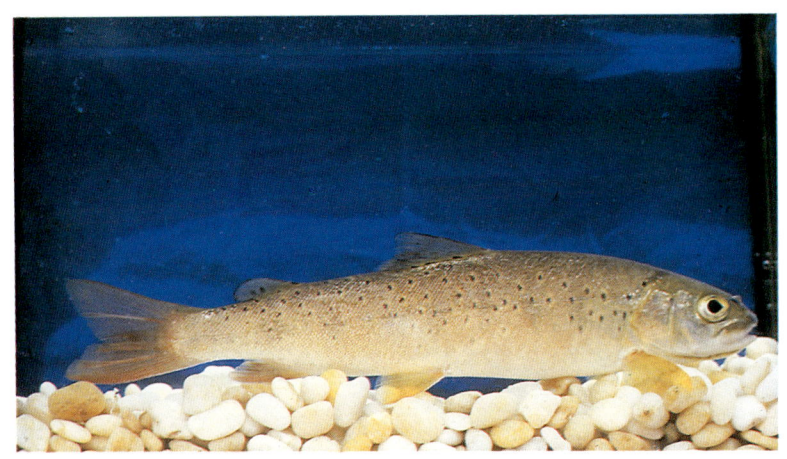

열목어

휴전선 이남에 서식하는 열목어는 희귀종이어서 보호할 가치가 있다.

비교적 대형종이어서 30 내지 70센티미터 정도의 개체들은 흔하고 때로는 1미터 이상 되는 것도 있다.

몸은 옆으로 납작하고 비늘이 잘다. 입이 작고 기름지느러미가 있다.

등은 황갈색이고 배는 희다. 어린 것들은 몸 양측에 9, 10개씩의 흑갈색 가로무늬가 있다. 온몸에 자주 갈색의 반문이 흩어져 있는데 특히 등 쪽에 많다.

열목어는 냉수성이어서 깊은 산속에서 사는 경우가 많다. 육식성이고 산란기는 3, 4월이다.

현재는 한강 상류에 소수가 남아 있을 뿐이다. 북한, 중국, 러시아, 유럽, 북미 등에도 분포한다.

열목어는 많은 고서에 '여항어'로 나온다. 조상들이 귀중한 식용어로 삼았던 종이다. 그뿐 아니라 한강과 낙동강은 열목어 분포의 최남단이다. 그래서 일찍이 1938년에는 정선군 사북읍 고한리 정암사 일대에 서식하는 열목어를 천연기념물 73호, 봉화군 석포면 대현리 일대에 서식하는 열목어를 74호로 지정했다.

설악산과 오대산에 서식하는 열목어는 국립공원법으로 보호를 받고 있다.

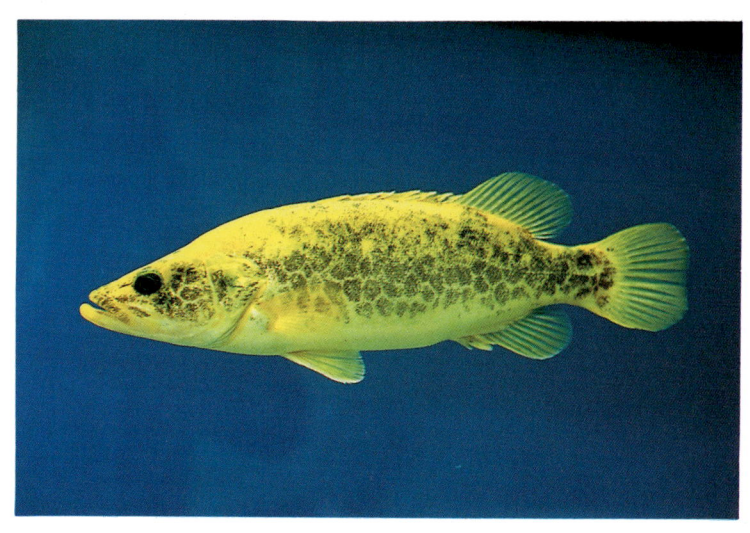

황쏘가리

황쏘가리는 황금색 쏘가리로서 쏘가리에 비하면 희귀하다. 또한 쏘가리에 비해서 크지도 작지도 않다.

몸 전체의 생긴 모습, 머리, 눈, 입, 아감덮개, 옆줄, 비늘, 등지느러미, 가슴지느러미, 배지느러미, 뒷지느러미, 꼬리지느러미, 지느러미가시나 살의 수에 이르기까지 쏘가리와 다른 점이 없다. 그뿐 아니라 사는 곳, 식성, 생활사 등도 쏘가리와 다를 것이 없다. 이는 쏘가리와 황쏘가리가 같은 종인 까닭이다.

다만 피부의 색이 같지 않다. 쏘가리는 온몸이 황갈색이고 검은 반점이 온몸에 흩어져 있지만 황쏘가리는 온몸이 빛나는 황금색이고 검은 반점이 없다.

물고기들은 일반적으로 피부에 검은 색소가 들어 있다. 그것이 50퍼센트 이상 퇴화되면 바탕색이 드러나게 되어 황색으로 변하게 된다. 금붕어, 금잉어, 황메기, 황미꾸리, 황송사리 등은 좋은 보기이다. 이러한 피부의 색은 유전된다.

황쏘가리는 한강에서만 볼 수 있어서 한강의 황쏘가리가 1967년 7월 11일로 천연기념물 190호로 지정되었다.

금강에도 황쏘가리가 살고 있다고 듣고 있으나 아직 확인되지 않았다.

특산종과 멸종된 종

우리나라에서 살고 있는 순수 민물고기 가운데에는 특산종이 적지 않다. 휴전선 이남에서 살고 있는 순수 민물고기가 100을 넘지 못하는데 그 가운데 약 반수가 특산종이다. 순수 민물고기는 1차 민물고기라고 부르기도 한다. 일생 동안을 민물에서만 사는 물고기를 말한다.

특산종은 우리나라에서만 살고 있는 종이므로 만일 특산종이 멸종된다면 그것은 바로 그 종이 지구상에서 소멸된다는 것을 뜻한다. 현대를 살고 있는 우리의 잘못으로 만약 그런 사태가 일어난다면 그것은 참기 어려울 만큼 부끄러운 일이다.

일반 국민의 양심에만 호소해서는 도저히 귀중한 자연 자원을 보호할 수 없게 되었을 때는 천연기념물로 지정을 해서라도 보호하는 수밖에 없다. 현재 우리의 순수 담수어 가운데에서 멸종 위기에 처해 있는 민물고기들이 천연기념물로 지정한 것말고도 20여 종이나 된다.

이런 사정을 국민들이 충분히 이해해서 함부로 잡지 않는 것은 말할 것도 없고 적극적으로 증산 대책을 강구해야 하겠다. 인공 채란, 인공 수정, 인공 부화를 활발히 실시해서 증산을 도모해야 한다. 그 가운데 대표적인 종들을 들면 다음과 같다.

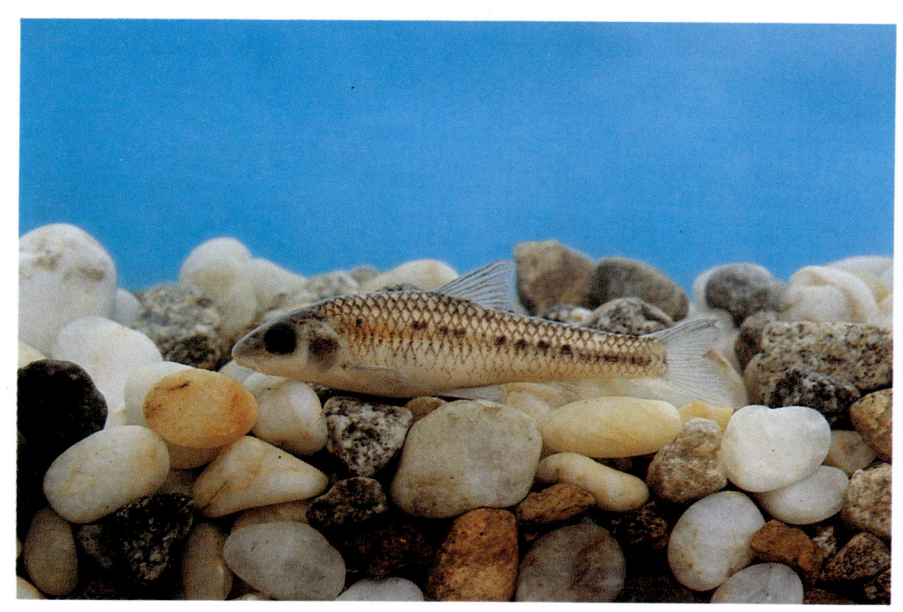

점몰개

점몰개는 출현 빈도가 0.03퍼센트밖에 되지 않는 희귀종이다.

몸의 길이가 5 내지 7센티미터의 개체들은 흔하지만 10센티미터 이상은 아직 발견되지 않았다.

몸은 원통형에 가깝지만 후반부는 옆으로 납작하다. 입은 주둥이의 밑에 있고 입수염은 한 쌍, 길이가 눈의 지름과 거의 같다. 옆줄은 완전하고 배 쪽으로 약간 휘었다. 몸은 황갈색, 등이 짙고 배 쪽이 연하다. 몸의 양측 등 쪽에는 6 내지 12개씩의 암갈색 반점이 열지어 있다.

물이 비교적 맑은 곳에서 산다. 생활 습성, 생활사, 성장도 등에 관해서는 알려진 것이 거의 없다.

점몰개는 우리나라의 특산종으로 현재까지 알려진 산지는 동해로 흘러가는 송천, 영덕 오십천 및 회야강이다. 극히 소수가 살고 있어서 멸종될 가능성이 크므로 특히 보호할 필요가 있는 종이다.

점몰개는 전상린 교수가 1984년에 신종으로 발표한 종이다. 참몰개, 몰개, 긴몰개에 가까운 종이다.

점몰개에 관해서는 앞으로 많은 것을 밝혀야 한다. 예를 들어 그 종이 세 곳의 개울에 한해서 살고 있다는 것은 이 세 개울이 서로 통했던 때가 있었다는 것을 뜻하는데 그때가 언제였던가? 하는 것 등이다.

꾸구리

꾸구리도 출현 빈도가 0.12퍼센트밖에 되지 않는 희소종이다.

몸길이가 6 내지 10센티미터의 것들은 흔하지만 13센티미터 이상은 드물다.

몸은 원통형, 전반부는 굵고 후반부는 가늘다. 입은 주둥이의 밑에 있고 반원형이며 입수염은 길고 네 쌍이다. 옆줄은 거의 직선형이며 등은 청갈색, 배는 은백색이다. 몸의 양측에는 5 내지 8개의 가로무늬가 있다. 가슴, 등, 꼬리지느러미에 깨알 같은 작은 흑반점이 많이 흩어져 있다.

하천의 중상류, 물이 맑고 바닥에 자갈이 깔려 있는 곳에서 산다. 산란기는 5, 6월이며 여울에서 산란한다.

한강과 금강에서만 살고 있는 특산종이다.

꾸구리는 생활사가 잘 알려져 있을 뿐 아니라, 눈에는 피막이 있어서 여닫이가 가능하여 눈에 받는 광선을 조절할 수 있다. 입수염 네 쌍 가운데에서 한 쌍은 입구석에 있어서 감각기의 기능을 하지만 남은 세 쌍은 아래턱 밑에 있어서 물살이 비교적 센 여울에서 몸을 바닥에 붙이는 구실을 한다.

꾸구리는 수질이 오염됨에 따라 점점 감소하는 추세에 있다.

꾸구리는 희귀종이고 귀중한 학술 자원이어서 당장이라도 천연기념물로 지정되어야 한다.

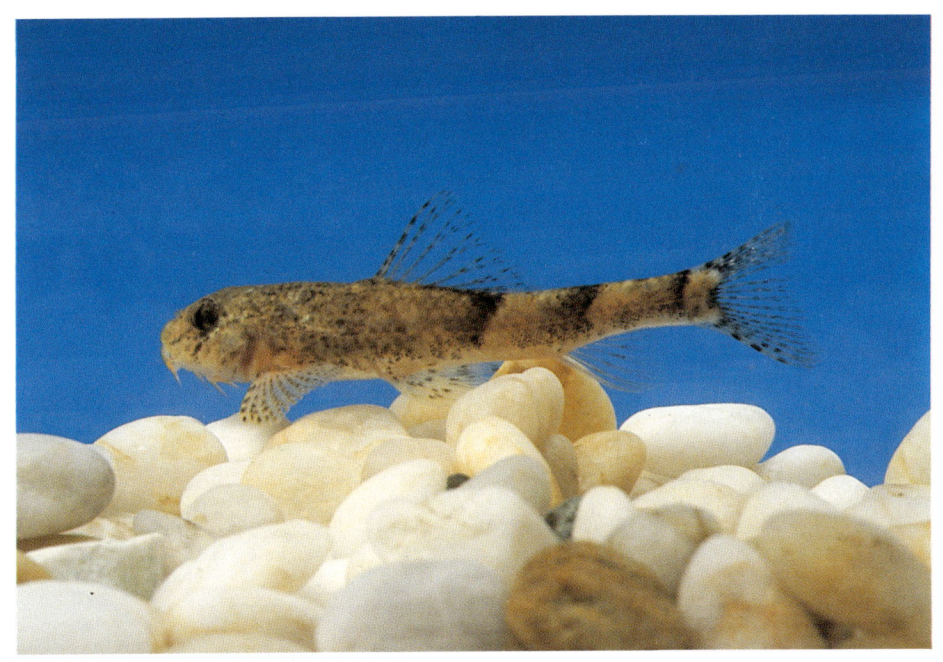

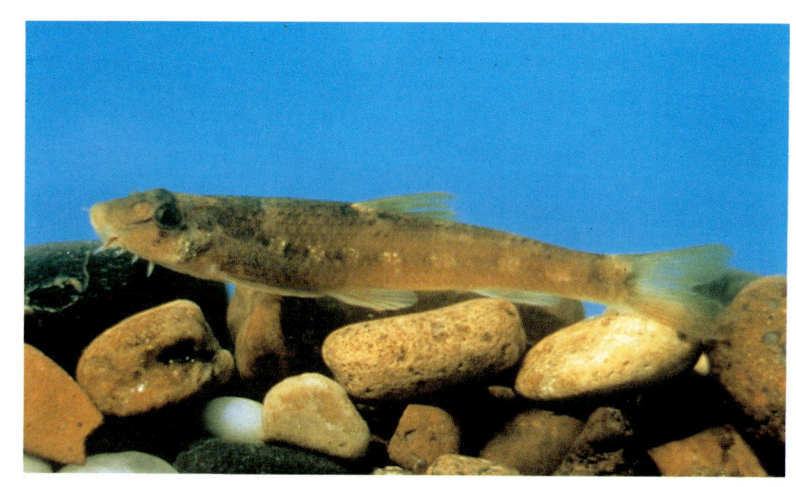

돌상어

돌상어도 출현 빈도 0.21퍼센트로 50위에서 벗어나는 희귀종이다.
몸의 길이가 10센티미터 정도의 것들이 보통이고 15센티미터 이상은 드물다.
꾸구리와 유사한 종으로 원통형에 가깝지만 전반부는 굵고 후반부는 가늘고 옆으로
납작하다. 입수염 네 쌍이 모두 짧아서 꾸구리와 바로 구별할 수 있다. 옆줄은 직선형
이다.
몸은 황적갈색, 몸 양측의 암색 가로무늬는 8개 이상이고 지느러미에는 작은 흑반점
이 없다.
물이 맑고 바닥에 자갈이 깔려 있는 곳에서 살며 물 속에서 사는 곤충을 주식으로
한다. 산란기는 4, 5월로 추정되지만 생활사는 충분히 밝혀지지 않았다. 만1년에 4
센티미터 정도, 2년에 8 내지 10센티미터, 3년에 10 내지 12센티미터로 성장한다.
한강과 금강에만 분포하는 한국 특산종이다.
충청북도 옥천군, 영동군 일대에서는 돌상어를 꽃고기라는 방언으로 부르고 있다.
진달래꽃이 필 때에 이 물고기가 나타난다고 해서 그런 이름이 붙은 것이다. 이른
봄, 다른 물고기들보다 먼저 이 물고기가 집단을 형성하는 것은 산란 전의 행동이라
고 여겨진다. 아직 밝혀지지 못한 생활 습성이 많이 남아 있는 귀중한 특산종이다.

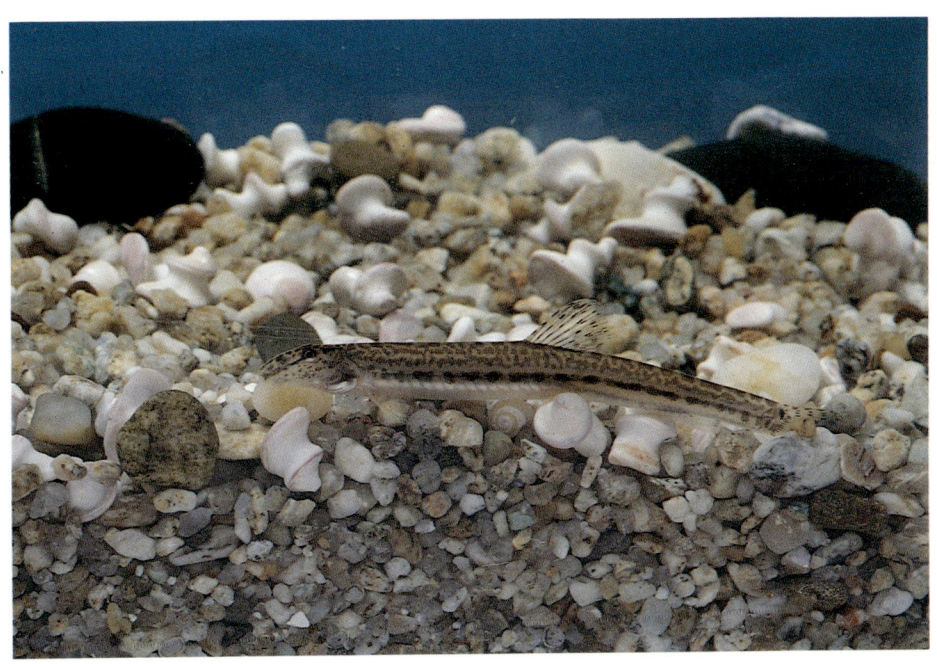

미호종개

출현 빈도가 0.01퍼센트밖에 되지 않는 희귀종이다.

기름종개속의 물고기 가운데에서도 비교적 소형종이어서 6, 7센티미터의 개체들은 흔하지만 8센티미터 이상은 드물다.

참종개에 가까운 종으로 입수염은 세 쌍이고 옆줄은 불완전하다. 수컷의 골질반은 가늘고 길며 톱니가 있어서 특이하며 꼬리 또한 가늘다.

몸의 바탕색은 담황색이다. 몸의 양면 중앙부에는 12 내지 17개의 원형 또는 삼각형의 암갈색 세로 반점열이 있다. 그보다 등 쪽에는 14 내지 17개의 부정형 반점열이 있다.

유속이 완만하고 바닥에 모래가 깔린 얕은 곳에서 산다. 잡식성으로 추정되며 생활사나 성장도에 관해서는 알려진 것이 없다.

현재까지는 금강 수계말고는 발견되지 않은 한국 특산종이다.

미호종개는 1984년에 김익수 교수와 손영목 교수가 신종으로 발표한 종이다. 분포 구역이 지나치게 좁고, 생활 습성이 거의 밝혀지지 않았으며, 분류 계통도 충분히 밝혀지지 않은 학술상 귀중한 자원이다. 멸종되는 일이 없도록 보호가 필요하다.

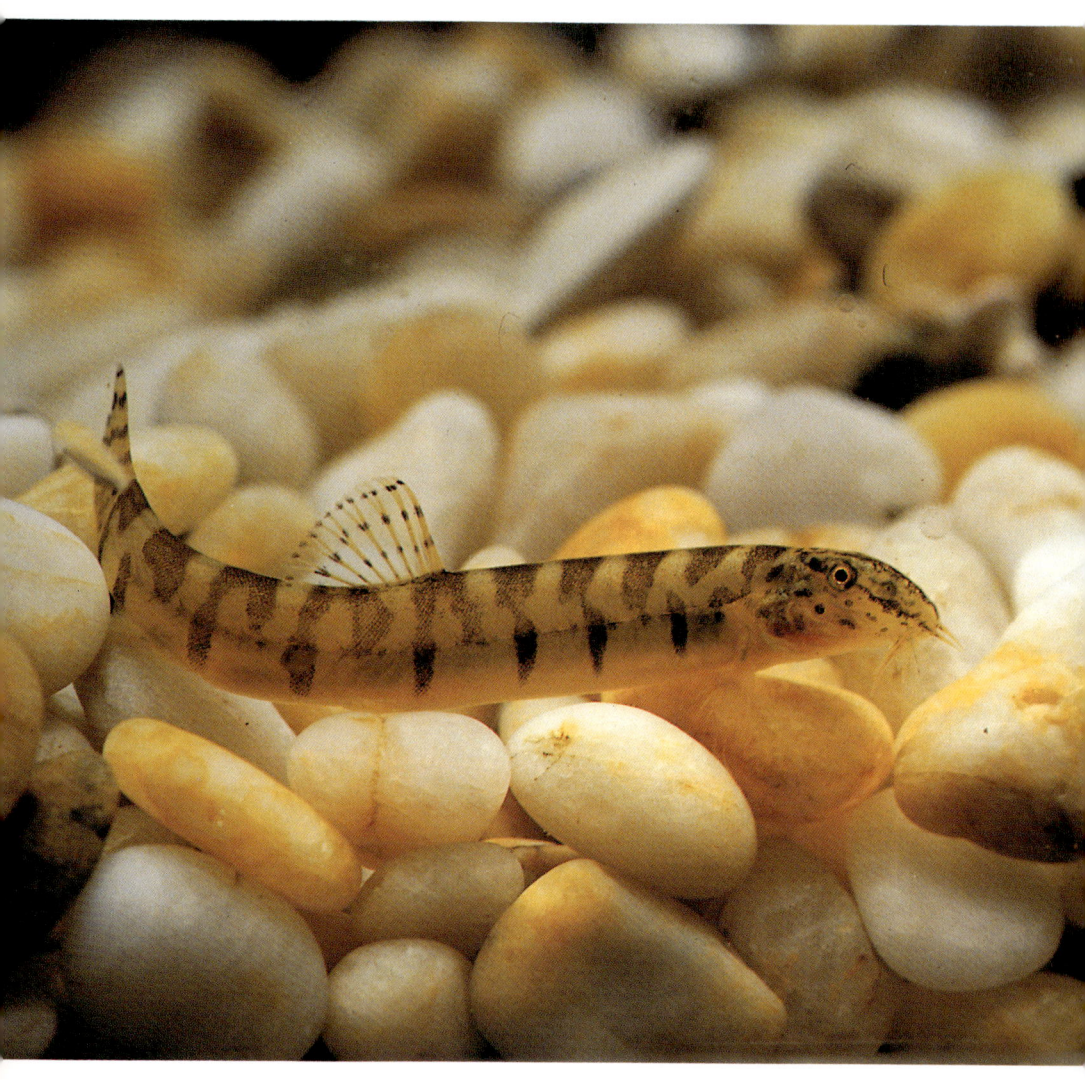

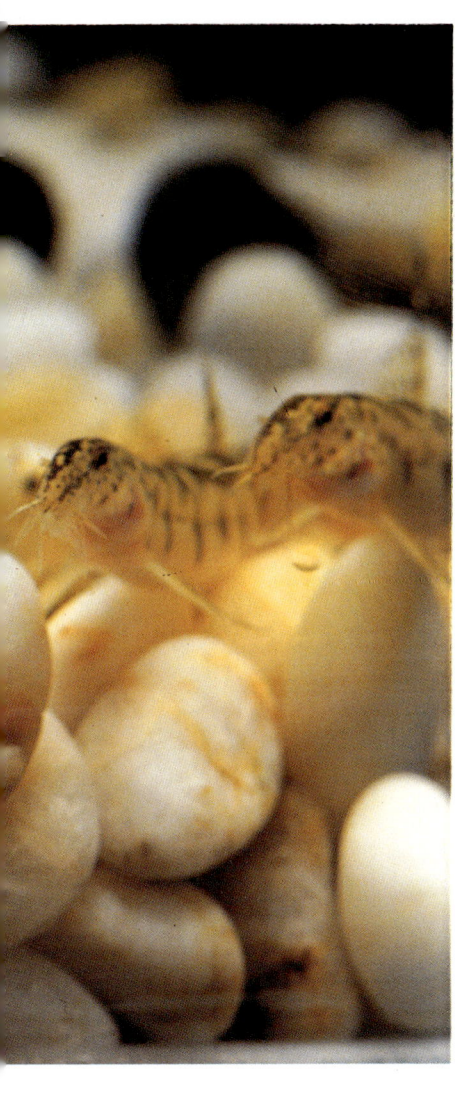

부안종개

부안종개도 출현 빈도가 0.23퍼센트로 50위에서 벗어나는 희귀종이다.

몸의 길이가 6, 7센티미터 되는 것들이 대부분이고 8.5센티미터를 넘는 개체는 아직 발견되지 않는다.

참종개에 가까운 종으로 추측되지만 외형상으로는 그것과 다른 점이 많다. 입수염은 참종개나 미호종개와 마찬가지로 세 쌍이고 옆줄은 불완전하다. 수컷의 골질반은 가늘고 길다.

몸색의 바탕은 담황색이다. 몸의 양측 중앙부에는 5 내지 10개의 부정형 암갈색 가로무늬가 배열된다.

물이 맑고 바닥에 자갈, 모래, 바위 등이 깔려 있는 곳에서 산다. 3, 4센티미터의 어린 것들은 모래 바닥에 살고, 5센티미터 이상의 개체들은 자갈이나 바위 바닥에서 산다. 식성은 잡식성이다.

전라북도 부안군 백천의 상류에 분포하는 한국 특산종이다.

부안종개는 분포 구역이 지나치게 좁고 밝혀지지 못한 것들이 너무 많다. 크지 못하고 왜소형으로 남는 이유가 무엇인지, 생활 습성이나 생활사, 생장도 등이 어느 정도 밝혀지지 않으면 이 종의 참모습이 드러나지 않을 것이다. 멸종하는 일이 없도록 보호가 필요하다.

꼬치동자개

꼬치동자개는 출현 빈도가 0.01퍼센트밖에 되지 않는 희귀종이다.

꼬치동자개는 동자개과 민물고기 가운데 최소형이어서 몸의 길이가 8센티미터 안팎의 것들이 대부분이고 11센티미터를 넘는 개체는 발견되지 않았다.

몸은 굵고 짧으며 비늘이 없다. 옆줄은 직선형이고 가슴지느러미가시는 안팎에 톱니가 있다. 꼬리지느러미는 끝이 얕게 갈라진다.

몸의 바탕은 담황색이고 몸의 양측에는 4개씩의 자줏빛 갈색의 큰 가로무늬가 주둥이의 끝에서 꼬리의 끝까지 배열된다.

물이 맑고 바닥에 자갈이 깔린 곳에서 산다. 낮에는 돌 밑에 숨고 주로 밤에 활동을 한다. 산란기는 6, 7월로 추정된다.

꼬치동자개는 낙동강 수계에만 분포하는 한국 특산종이다.

꼬치동자개는 분포 구역이 낙동강 수계에 한정되어 있을 뿐 아니라, 개체수가 매우 적어서 전멸할 가능성이 크다.

꼬치동자개는 분류상의 위치, 생활 습성, 생활사, 성장도 등 앞으로 밝혀야 할 것들이 많이 남아 있는 종이다. 어떤 일이 있더라도 전멸하는 일은 막아야 하겠다.

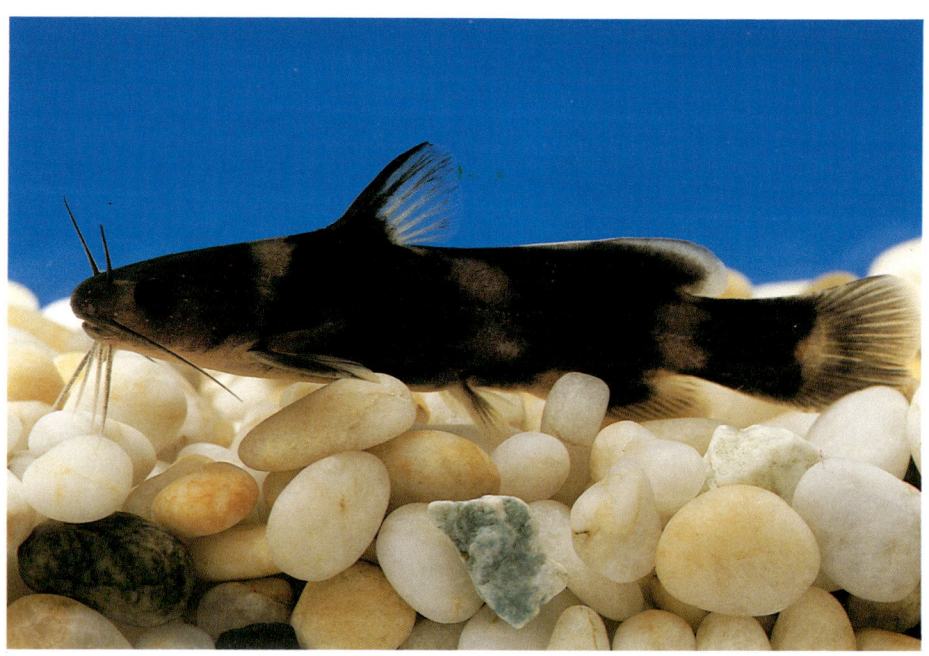

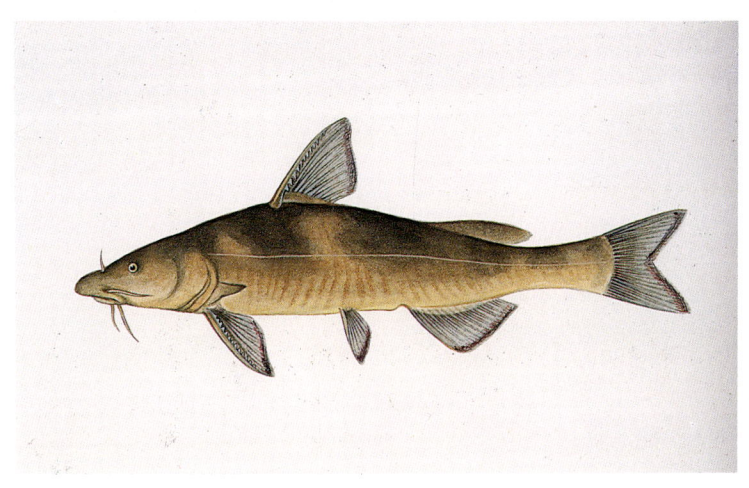

종어

이미 멸종된 종이다.

몸의 길이가 30 내지 50센티미터 되는 것들이 많았고 1미터 이상 되는 개체도 있었다고 한다.

몸은 길고 머리는 위아래로, 후반부는 옆으로 납작한 종이다. 주둥이는 유별나게 길고 뾰족하다. 입수염은 네 쌍이고 눈은 대단히 작다. 가슴지느러미가시의 바깥쪽에는 톱니가 없고 매끄럽다.

등은 황갈색, 배는 담백색이다. 각 지느러미의 가장자리는 짙은 흑갈색이다.

큰 강의 하구, 물이 탁하고 바닥에 진흙이 깔려 있는 곳에서 산다. 육식성이고 여러 마리가 깊은 곳에 모여서 월동을 했다고 한다. 산란기는 4월에서 6월 사이이다. 만1년에 19센티미터 안팎, 6년에 70센티미터 정도로 성장한다.

한강과 임진강 및 금강 하류에서 살았으나 한강과 금강 하류에서는 1980년, 임진강 하류에서는 1982년 이후에는 볼 수 없게 되었다. 고급 식용어였던 까닭에 전멸할 때까지 함부로 잡았다고 할 수밖에 없다.

이 종은 우리나라의 특산종은 아니며 중국에 많이 분포하고 있어서 가까운 장래에 수입해서 복구하도록 해야겠다.

종어는 대농갱이나 밀자개와 같은 속에 속하는 동자개과 어류이다.

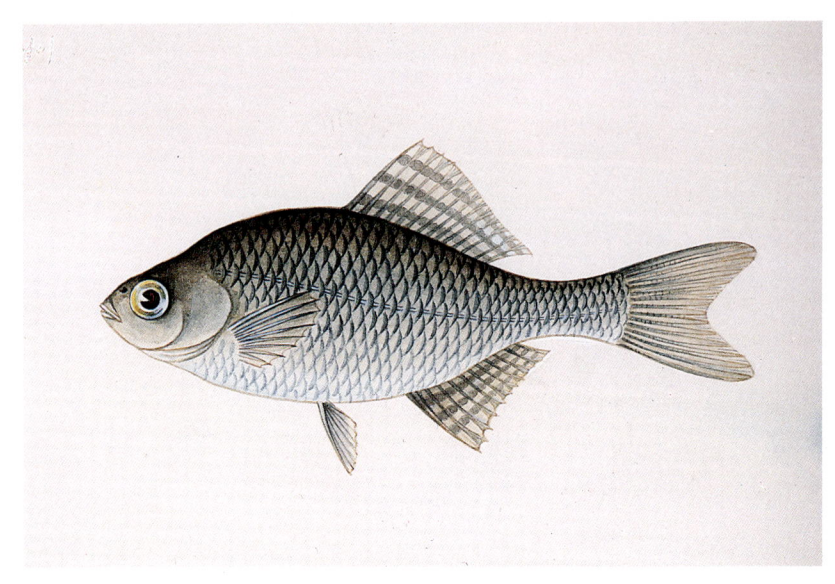

서호납줄갱이

서호납줄갱이도 멸종된 종이다. 세 마리의 기록이 남아 있을 따름인데 기록에 따르면 다음과 같은 형질을 갖추고 있었다고 한다.

몸의 길이는 각각 48, 51, 54밀리미터였다고 한다. 각시붕어보다 크고, 흰줄납줄개보다 작았던 종이다.

각시붕어와 비슷한 모습을 가진 종이다. 입수염이 없고 옆줄이 불완전하다. 입이 작고 눈이 크며 등지느러미는 가시가 3개, 살이 13개이다.

등은 암갈색, 배는 은백색이다. 몸 양측에 청록색 세로띠가 없고, 등지느러미와 뒷지느러미를 가로지르는 암색 띠가 있다.

생활 습성, 생활사, 성장도 등 아무것도 알려진 것이 없다. 다만 조개에 산란했던 것으로 추리될 따름이다.

수원 서호에 분포했던 한국 특산종이었다.

서호납줄갱이는 미국의 죠던, 메츠 두 교수가 1911년에 서호에서 한 마리를 입수하여 1913년에 신종으로 발표한 종이다. 1935년 10월 29일, 서호의 둑을 개수한다고 허물어뜨려 물이 모조리 빠져 바닥을 드러냈는데 그때에 두 마리를 채집했을 뿐, 그 뒤는 아무도 본 사람이 없다.

지금은 기록과 함께 스탠포드 대학에 표본이 한 마리 남아 있을 따름이다.

한국산(휴전선 이남) 민물고기 목록

칠성장어과   *Petromyzonidae*
   1. 칠성장어   *Lampetra japonica*(von Martens)
   2. 다묵장어   *Lampetra reissneri*(Dybowski)

철갑상어과   *Acipenseridae*
   3. 철갑상어   *Acipenser sinensis* Gray
   4. 칼상어   *Acipenser dabryanus* Dumcril

뱀장어과   *Anguillidae*
   5. 뱀장어   *Anguilla japonica* Temminck et Schlegel
   6. 무태장어   *Anguilla marmorata* Quoy et Craimard

멸치과   *Engraulidae*
   7. 싱어   *Coilia mystus*(Linnaeus)
   8. 웅어   *Coilia ectens* Jordan et Seale

잉어아과   *Cyprininae*
   9. 잉어   *Cyprinus carpio* Linnaeus
   10. 붕어   *Carassius auratus*(Linnaeus)

납줄개아과   *Rhodeinae*
   11. 흰줄납줄개   *Rhodeus ocellatus*(Kner)
   12. 달납줄개   *Rhodeus atremius*(Jordan et Thompson)
   13. 각시붕어   *Rhodeus uyekii*(Mori)
   14. 납줄갱이   *Rhodeus suigensis*(Mori)
   15. 서호납줄갱이   *Rhodeus hondae*(Jordan et Metz)
   16. 줄납자루   *Acheilognathus yamatsutae* Mori
   17. 묵납자루   *Acheilognathus signifer* Berg
   18. 칼납자루   *Acheilognathus koreensis* Kim et Kim
   19. 납자루   *Acheilognathus intermedia*(Temminck et Schlegel)
   20. 납지리   *Acheilognathus rhombea*(Temminck et Schlegel)
   21. 다비라납지리   *Acheilognathus tabiro*(Jordan et Thompson)
   22. 큰납지리   *Acanthorhodeus macropterus*(Dybowski)
   23. 가시납지리   *Acanthorhodeus gracilis* Regan

모래무지아과   *Gobioninae*
   24. 참붕어   *Pseudorasbora parva*(Temminck et Schlegel)
   25. 누치   *Hemibarbus labeo*(Pallas)
   26. 참마자   *Hemibarbus longirostris*(Regan)
   27. 어름치   *Hemibarbus mylodon*(Berg)
   28. 중고기   *Sarcocheilichthys nigripinnis morii* Jordan et Hubbs
   29. 참중고기   *Sarcocheilichthys variegatus wakiyae*(Mori)
   30. 새미   *Ladislavia taczanowskii* Dybowski
   31. 돌고기   *Pungtungia herzi* Herzenstein
   32. 감돌고기   *Pungtungia nigra*(Mori)

33. 가는돌고기	*Pungtungia tenuicorpus*(Jeon et Choi)
34. 쉬리	*Coreoleuciscus splendidus* Mori
35. 줄몰개	*Gnathopogon strigatus*(Regan)
36. 참몰개	*Squalidus chankaensis tsuchigae*(Jordan et Hubbs)
37. 몰개	*Squalidus japonicus coreanus*(Berg)
38. 긴몰개	*Squalidus gracilis majimae*(Jordan et Hubbs)
39. 점몰개	*Squalidus multimaculatus* Hosoye et Jeon
40. 모래무지	*Pseudogobio esocinus*(Temminck et schlegel)
41. 모샘치	*Gobio gobio*(Linnaeus)
42. 버들매치	*Abottina rivularis*(Basilewski)
43. 왜매치	*Microphysogobio springeri*(Banarescu et Nalbant)
44. 모래주사	*Microphysogobio koreensis* Mori
45. 돌마자	*Microphysogobio yaluensis* Mori
46. 배가사리	*Microphysogobio longidorsalis* Mori
47. 됭경모치	*Microphysogobio tungtingensis*(Nichols)
48. 두우쟁이	*Saurogobio dabryi* Bleeker
49. 꾸구리	*Gobiobotia macrocephalus* Mori
50. 돌상어	*Gobiobotia brevibarba* Mori
51. 흰수마자	*Gobiobotia naktongensis* Mori

황어아과 ***Leuciscinae***

52. 황어	*Tribolodon hakonensis*(Gunther)
53. 대황어	*Tribolodon brandti*(Dybowski)
54. 버들개	*Moroco lagowskii*(Dybowski)
55. 버들치	*Moroco oxycephalus*(Bleeker)
56. 버들가지	*Moroco semotilus*(Jordan et Starks)
57. 금강모치	*Moroco kŭmgangensis* Uchida
58. 연준모치	*Phoxinus phoxinus*(Linnaeus)
59. 피라미	*Zacco platypus*(Temminck et Schlegel)
60. 갈겨니	*Zacco temmincki*(Temminck et Schlegel)
61. 끄리	*Opsariichthys bidens* Gunther
62. 왜몰개	*Aphyocypris chinensis* Gunther
63. 눈불개	*Squaliobarbus curriculus*(Richardson)

강준치아과 ***Cultrinae***

64. 치리	*Hemiculter eigenmanni*(Jordan et Metz)
65. 살치	*Hemiculter leucisculus*(Walpachowsky)
66. 강준치	*Erythroculter erythropterus*(Basilewsky)
67. 백조어	*Culter brevicauda* Gunther

기름종개과 ***Cobitidae***

68. 미꾸리	*Misgurnus anguillicaudatus*(Cantor)
69. 미꾸라지	*Misgurnus mizolepis* Gunther
70. 기름종개	*Cobitis sinensis* Sauvage et Dabryi
71. 줄종개	*Cobitis striata* Ikeda
72. 점줄종개	*Cobitis lutheri* Rendahl

73. 참종개	*Cobitis koreensis* Kim
74. 부안종개	*Cobitis koreensis pumilus* Kim et Lee
75. 미호종개	*Cobitis choii* Son et Kim
76. 왕종개	*Cobitis longicorpus* Kim, Choi et Nalbant.
77. 북방종개	*Cobitis granoei* Rendahl
78. 새코미꾸리	*Cobitis rotundicaudata* Wakiya et Mori
79. 수수미꾸리	*Niwaella multifasciata* (Wakiya et Mori)
80. 종개	*Nemacheilus toni* (Dybowski)
81. 쌀미꾸리	*Lefua cóstata* (Kessler)

바다빙어과　*Osmeridae*
82. 빙어	*Hypomesus olidus* (Pallas)

은어과　*Plecoglossidae*
83. 은어	*Plecoglossus altivelis* (Temminck et Schlegel)

뱅어과　*Salangidae*
84. 뱅어	*Salangichthys microdon* Bleeker
85. 국수뱅어	*Salanx ariakensis* Kishinouye
86. 붕퉁뱅어	*Protosalanx chinensis* (Basilewsky)
87. 벚꽃뱅어	*Hemisalanx prognathus* Regan
88. 도화뱅어	*Neosalanx andersoni* Rendahl
89. 젓뱅어	*Neosalanx jordani* Wakiya et Takahashi
90. 실뱅어	*Neosalanx hubbsi* Wakiya et Takahashi

연어과　*Salmonidae*
91. 열목어	*Brachymystax lenok* Pallas
92. 송어	*Oncorhynchus masou* (Brevoort) (遡河型)
93. 산천어	*Oncorhynchus masou* (Brevoort) (陸封型)
94. 연어	*Oncorhynchus keta* (Walbaum)

동자개과　*Bagridae*
95. 동자개	*Pseudobagrus fulvidraco* (Richardson)
96. 눈동자개	*Pseudobagrus koreanus* Uchida
97. 꼬치동자개	*Pseudobagrus brevicorpus* (Mori)
98. 밀자개	*Leiocassis nitidus* (Sauvage et Thiersant)
99. 대농갱이	*Leiocassis ussuriensis* (Dybowski)
100. 종어	*Leiocassis longirostris* Gunther

메기과　*Siluridae*
101. 메기	*Silurus asotus* (Linnaeus)
102. 미유기	*Silurus microdorsalis* (Mori)

퉁가리과　*Amblycipitidae*
103. 퉁가리	*Liobagrus andersoni* Regan
104. 퉁사리	*Liobagrus obesus* Son, Kim et choo
105. 자가사리	*Liobagrus mediadiposalis* Mori

학공치과　*Hemirhamphidae*
106. 학공치	*Hemirhamphus sajori* Temminck et Schlegel
107. 줄공치	*Hemirhamphus kurumeus* (Jodrdan et Starks)

송사리과 *Oryzidae*
  108. 송사리   *Oryzias latipes*(Temminck et Schlegel)

큰가시고기과 *Gasterosteidae*
  109. 큰가시고기   *Gasterosteus aculeatus* Linnaeus
  110. 가시고기   *Pungitius sinensis*(Guichenot)
  111. 잔가시고기   *Pungitius sinensis kaibarae*(Tanaka)

드렁허리과 *Symbranchidae*
  112. 드렁허리   *Monopterus albus*(Zuiew)

둑중개과 *Cottidae*
  113. 꺽정이   *Trachidermus fasciatus* Heckel
  114. 둑중개   *Cottus poecilopterus* Heckel
  115. 한둑중개   *Cottus hangiongensis* Mori

농어과 *Serranidae*
  116. 농어   *Lateolabrax japonicus*(Guvier et Valenciennes)
  117. 꺽지   *Coreoperca herzi* Herzenstein
  118. 꺽저지   *Coreoperca kawamebari*(Temminck et Schlegel)
  119. 쏘가리   *Siniperca scherzeri* Steindachner

숭어과 *Mugilidae*
  120. 숭어   *Mugil cephalus* Linnaeus
  121. 가숭어   *Mugil(Liza) haematocheila*(Temminck et Schlegel)

돛양태과 *Callionymidae*
  122. 강주걱양태   *Repomucenus olidus*(Gunther)

구굴무치과 *Eleotridae*
  123. 구굴무치   *Eleotris oxycephala*(Temminck et Schlegel)
  124. 좀구굴치   *Hypseleotris swinhonis* Gunther
  125. 동사리   *Odontobutis platycephala* Iwata et Jeon
  126. 얼룩동사리   *Odontobutis obscura interrupta* Iwata et Jeon

망둥어과 *Gobiidae*
  127. 검정망둑   *Tridentiger obscurus*(Temminck et Schlegel)
  128. 두줄망둑   *Tridentiger trigonocephalus*(Gill)
  129. 갈문망둑   *Rhinogobius giurinus*(Rutter)
  130. 밀어   *Rhinogobius brunneus*(Temminck et Schlegel)
  131. 줄망둑   *Acantrogobius pflaumi*(Bleeker)
  132. 문절망둑   *Acanthogobius flavimanus*(Temminck et Schlegel)
  133. 풀망둑   *Acanihogobius hasta*(Temminck et Schlegel)
  134. 흰발망둑   *Acanthogobius lactipes*(Hilgendorf.)
  135. 모치망둑   *Mugilogobius abei*(Jordan et Snyder)
  136. 날개망둑   *Favonigobius gymnauchen*(Bleeker)
  137. 꾹저구   *Chaenogobius annularis* Gill
  138. 날망둑   *Chaenogobius castaneus*(O'Shaughnessy)
  139. 사백어   *Leucopsarion petersi* Hilgendorf
  140. 미끈망둑   *Luciogobius guttatus* Gill
  141. 말뚝망둥어   *Periophthalmus cantonensis*(Osbeck)

극락어과 **Belontidae**
    142. 버들붕어   *Macropodus chinensis*(Bloch)
가물치과 **Channidae**
    143. 가물치   *Channa argus* Cantor
참복과 **Tetraodontidae**
    144. 황복   *Fugu ocellatus*(Osbeck)
    145. 복섬   *Fugu niphobles*(Jordan et Snyder)

맞대보기

〔ㄱ〕

가는돌고기 • 35
가물치 • 93
가정 수족관 • 9
각시붕어 • 57
갈겨니 • 16
감돌고기 • 34
거품집 • 9
검정망둑 • 50
경도잡지 • 82
고서 • 80
골질반 • 9
금강모치 • 65
기름눈까풀 • 9
기름종개 • 43
기름지느러미 • 9
긴몰개 • 36
김매순 • 95
김익수 • 42, 45, 107
김창협 • 95
꺽정이 • 96
꺽지 • 64
꼬치동자개 • 110
꾸구리 • 105
꾹저구 • 51
끄리 • 18

〔ㄴ〕

난호어목지 • 15, 33, 94
납자루 • 59
납줄갱이 • 58
농어 • 90
누치 • 83
눈동자개 • 68

〔ㄷ〕

다산 • 25

당률 • 9
대농갱이 • 69
돌고기 • 33
돌마자 • 27
돌상어 • 106
동국여지승람 • 91
동사리 • 52
동의보감 • 23, 85, 92
동자개 • 67
두우쟁이 • 95
드렁허리 • 89

〔ㅁ〕

메기 • 72
메츠 • 112
모래무지 • 25
몰개 • 38
몸길이 • 9
무태장어 • 100
묵납자루 • 62
미꾸라지 • 23
미꾸리 • 22
미수감미어 • 95
미유기 • 73
미호종개 • 107
밀어 • 49

〔ㅂ〕

반사띠 • 10
배가사리 • 28
뱀장어 • 81
버들개 • 21
버들붕어 • 79
버들치 • 20
부안종개 • 108
붕어 • 13
붕퉁뱅어 • 85
빙어 • 75

〔ㅅ〕

사급수 • 10
사마귀돌기 • 15
산천어 • 87
살치 • 48
삼급수 • 10
새코미꾸리 • 44
서호납줄갱이 • 112
서유구 • 15, 81, 83
세종실록 • 84, 85, 91
소동파 • 96
손영목 • 107
송사리 • 30
송어 • 86
수수미꾸리 • 45
순수 담수어 • 10
숭어 • 92
쉬리 • 54
쌀미꾸리 • 24
쏘가리 • 91

〔ㅇ〕

아감덮개 • 11
아연각비 • 25, 90
어름치 • 98
얼룩동사리 • 53
연어 • 88
연준모치 • 66
열목어 • 101
열양세시기 • 95
옆줄 • 11
왕종개 • 42
왜매치 • 26
왜몰개 • 29
용문협 • 19
웅어 • 82
유득공 • 82
유효통 • 81

육식성 • 11
은어 • 74
이급수 • 10
이만영 • 90
일급수 • 10
일차 담수어 • 10
잉어 • 19

〔ㅈ〕

자가사리 • 71
잡식성 • 11
장호흡 • 11
재물보 • 90
전상린 • 35, 104
점몰개 • 104
점줄종개 • 40
정약용 • 25
종개 • 46
종어 • 111
죠던 • 112
주둥이 • 11
줄납자루 • 60
중고기 • 77
지느러미가시 • 11
지느러미살 • 11

〔ㅊ〕

참마자 • 55
참몰개 • 37
참붕어 • 32
참종개 • 39
참중고기 • 78
최영년 • 95
추성 • 11
출현 빈도 • 12
치리 • 47

〔ㅋ〕

칼날돌기 • 11
칼납자루 • 61

큰가시고기 • 76
큰납지리 • 63

〔ㅌ〕

퉁가리 • 70

〔ㅍ〕

피라미 • 14

〔ㅎ〕

향약집성방 • 19, 81
해동죽지 • 95
허미수 • 95
허준 • 23
혼인색 • 15
황복 • 94
황쏘가리 • 102
황어 • 84
후적벽부 • 96
흰줄납줄개 • 56

빛깔있는 책들 301-11

민물고기

글	—최기철
사진	—최기철, 김종섭
발행인	—장세우
발행처	—주식회사 대원사
주간	—박찬중
편집	—김한주, 신현희, 조은정 황인원
미술	—윤봉희
전산사식	—육세림, 이규헌
첫판 1쇄	—1992년 6월 30일 발행
첫판 7쇄	—2004년 8월 30일 발행

주식회사 대원사
우편번호/140-901
서울 용산구 후암동 358-17
전화번호/(02) 757-6717~9
팩시밀리/(02) 775-8043
등록번호/제 3-191호
http://www.daewonsa.co.kr

값 13,000원

Daewonsa Publishing Co., Ltd.
Printed in Korea(1992)

ISBN 89-369-0128-1 00490

빛깔있는 책들

민속(분류번호 : 101)

1 짚문화	2 유기	3 소반	4 민속놀이(개정판)	5 전통 매듭
6 전통 자수	7 복식	8 팔도굿	9 제주 성읍 마을	10 조상 제례
11 한국의 배	12 한국의 춤	13 전통 부채	14 우리 옛 악기	15 솟대
16 전통 상례	17 농기구	18 옛 다리	19 장승과 벅수	106 옹기
111 풀문화	112 한국의 무속	120 탈춤	121 동신당	129 안동 하회 마을
140 풍수지리	149 탈	158 서낭당	159 전통 목가구	165 전통 문양
169 옛 안경과 안경집	187 종이 공예 문화	195 한국의 부엌	201 전통 옷감	209 한국의 화폐
210 한국의 풍어제				

고미술(분류번호 : 102)

20 한옥의 조형	21 꽃담	22 문방사우	23 고인쇄	24 수원 화성
25 한국의 정자	26 벼루	27 조선 기와	28 안압지	29 한국의 옛 조경
30 전각	31 분청사기	32 창덕궁	33 장석과 자물쇠	34 종묘와 사직
35 비원	36 옛책	37 고분	38 서양 고지도와 한국	39 단청
102 창경궁	103 한국의 누	104 조선 백자	107 한국의 궁궐	108 덕수궁
109 한국의 성곽	113 한국의 서원	116 토우	122 옛기와	125 고분 유물
136 석등	147 민화	152 북한산성	164 풍속화(하나)	167 궁중 유물(하나)
168 궁중 유물(둘)	176 전통 과학 건축	177 풍속화(둘)	198 옛 궁궐 그림	200 고려 청자
216 산신도	219 경복궁	222 서원 건축	225 한국의 암각화	226 우리 옛 도자기
227 옛 전돌	229 우리 옛 질그릇	232 소쇄원	235 한국의 향교	239 청동기 문화
243 한국의 황제	245 한국의 읍성	248 전통장신구	250 전통 남자 장신구	

불교 문화(분류번호 : 103)

40 불상	41 사원 건축	42 범종	43 석불	44 옛절터
45 경주 남산(하나)	46 경주 남산(둘)	47 석탑	48 사리구	49 요사채
50 불화	51 괘불	52 신장상	53 보살상	54 사경
55 불교 목공예	56 부도	57 불화 그리기	58 고승 진영	59 미륵불
101 마애불	110 통도사	117 영산재	119 지옥도	123 산사의 하루
124 반가사유상	127 불국사	132 금동불	135 만다라	145 해인사
150 송광사	154 범어사	155 대흥사	156 법주사	157 운주사
171 부석사	178 철불	180 불교 의식구	220 전탑	221 마곡사
230 갑사와 동학사	236 선암사	237 금산사	240 수덕사	241 화엄사
244 다비와 사리	249 선운사			

음식 일반(분류번호 : 201)

60 전통 음식	61 팔도 음식	62 떡과 과자	63 겨울 음식	64 봄가을 음식
65 여름 음식	66 명절 음식	166 궁중음식과 서울음식		207 통과 의례 음식
214 제주도 음식	215 김치	253 장醬		

건강 식품(분류번호 : 202)

105 민간 요법   181 전통 건강 음료

즐거운 생활(분류번호 : 203)

67 다도   68 서예   69 도예   70 동양란 가꾸기   71 분재
72 수석   73 칵테일   74 인테리어 디자인   75 낚시   76 봄가을 한복
77 겨울 한복   78 여름 한복   79 집 꾸미기   80 방과 부엌 꾸미기   81 거실 꾸미기
82 색지 공예   83 신비의 우주   84 실내 원예   85 오디오   114 관상학
115 수상학   134 애견 기르기   138 한국 춘란 가꾸기   139 사진 입문   172 현대 무용 감상법
179 오페라 감상법   192 연극 감상법   193 발레 감상법   205 쪽물들이기   211 뮤지컬 감상법
213 풍경 사진 입문   223 서양 고전음악 감상법   251 와인   254 전통주

건강 생활(분류번호 : 204)

86 요가   87 볼링   88 골프   89 생활 체조   90 5분 체조
91 기공   92 태극권   133 단전 호흡   162 택견   199 태권도
247 씨름

한국의 자연(분류번호 : 301)

93 집에서 기르는 야생화   94 약이 되는 야생초   95 약용 식물   96 한국의 동굴
97 한국의 텃새   98 한국의 철새   99 한강   100 한국의 곤충   118 고산 식물
126 한국의 호수   128 민물고기   137 야생 동물   141 북한산   142 지리산
143 한라산   144 설악산   151 한국의 토종개   153 강화도   173 속리산
174 울릉도   175 소나무   182 독도   183 오대산   184 한국의 자생란
186 계룡산   188 쉽게 구할 수 있는 염료 식물   189 한국의 외래 · 귀화 식물
190 백두산   197 화석   202 월출산   203 해양 생물   206 한국의 버섯
208 한국의 약수   212 주왕산   217 홍도와 흑산도   218 한국의 갯벌   224 한국의 나비
233 동강   234 대나무   238 한국의 샘물   246 백두고원

미술 일반(분류번호 : 401)

130 한국화 감상법   131 서양화 감상법   146 문자도   148 추상화 감상법   160 중국화 감상법
161 행위 예술 감상법   163 민화 그리기   170 설치 미술 감상법   185 판화 감상법   196 근대 유화 감상법
191 근대 수목 채색화 감상법   194 옛 그림 감상법   204 무대 미술 감상법
228 서예 감상법   231 일본화 감상법   242 사군자 감상법

역사(분류번호 : 501)

252 신문